QUE SAIS-JE ?

La relativité

STAMATIA MAVRIDÈS

Troisième édition

16e mille

ISBN 2 13 042839 8

Dépôt légal — 1re édition : 1988
3e édition : 1995, janvier

108, boulevard Saint-Germain, 75006 Paris

INTRODUCTION

C'est par l'essor de deux grandes théories qu'est marquée la physique du XXe siècle : la théorie de la Relativité d'une part et la théorie Quantique d'autre part.

La théorie de la Relativité est l'œuvre d'Albert Einstein. Elle fut construite en deux étapes : la Relativité Restreinte en 1905, la Relativité Générale en 1916.

La Relativité a changé radicalement les notions newtoniennes d'espace et de temps considérées, jusqu'en 1905, comme des catégories indépendantes. Or, c'est la combinaison de l'espace et du temps qui est la réalité. Dans le monde auquel la Relativité nous a conduits, espace et temps sont physiquement liés. Cette conception, qui parut étonnante au début du siècle, nous est devenue, peu à peu, familière. D'autre part, les très nombreuses vérifications expérimentales de la théorie lui ont apporté un solide consensus.

Néanmoins, il devint rapidement évident que la nouvelle théorie était incomplète. En effet, cette nouvelle cinématique s'appuyait sur un Principe de Relativité Restreinte. Selon ce principe, la description d'un phénomène est indépendante du système de référence utilisé, pourvu que celui-ci soit galiléen (ou plutôt lorentzien). Ces systèmes de référence, en mouvement rectiligne et uniforme par rapport aux étoiles fixes, constituent une classe privilégiée : les lois de la physique, sous la forme utilisée en 1905, ne seraient vraies que pour cette catégorie limitée de référentiels. Pour supprimer ces restrictions, il fallait construire une théorie valable aussi pour les systèmes de référence accélérés. Il fallait étendre le principe de relativité restreinte en un principe de relativité généralisée.

Pour atteindre ce but, Einstein fut amené à introduire tout d'abord le *principe d'équivalence* entre forces d'inertie et forces de gravitation. Il fut amené enfin à construire une *théorie* relativiste et *géométrique de la gravitation*. Ainsi, sous sa forme définitive, la Relativité Générale présente un double caractère : extension de la Relativité Restreinte aux systèmes accélérés d'une part ; théorie du champ de gravitation d'autre part.

L'interprétation géométrique de la gravitation a complètement isolé — sur le plan conceptuel — ce champ des autres champs physiques. Aussi, de nombreuses tentatives ont été élaborées

a) soit pour donner également une interprétation géométrique des autres champs physiques ;

b) soit, plus récemment, pour unifier les diverses interactions entre particules élémentaires (théorie « électrofaible », théories de Grande Unification). L'interaction gravitationnelle est laissée de côté par ces dernières théories. La Relativité Générale d'Einstein se retrouve dans un splendide isolement. Mais son importance s'est néanmoins considérablement accrue. Depuis une vingtaine d'années, en effet, de très nombreuses observations astrophysiques s'appuient, pour leur interprétation, sur la théorie einsteinienne de la gravitation. Le domaine de la cosmologie, en particulier, connaît une intense activité.

Ainsi, depuis près d'un siècle, les théories d'Einstein demeurent plus vivantes que jamais.

PREMIÈRE PARTIE

LA RELATIVITÉ RESTREINTE

Pour dégager l'importance de l'œuvre d'Einstein, il convient de la situer. En 1905, il y avait déjà plus de vingt ans que les physiciens se heurtaient à des difficultés avec les théories utilisées. Ils devaient admettre l'existence d'un *éther*, milieu subtil remplissant tout l'espace et servant de support matériel au concept classique d'espace absolu. Mais ce milieu mystérieux demeurait insaisissable. Pourtant, l'hypothèse de son existence menait à la prédiction d'effets que l'observation aurait dû déceler. Devant l'échec des diverses expériences destinées à mettre l'éther en évidence, des solutions furent proposées. Ainsi, *Fitzgerald* et *Lorentz* émirent l'hypothèse que tous les corps en mouvement rectiligne et uniforme devaient subir une contraction dans le sens du mouvement. Là encore, le verdict de l'expérience fut négatif : on ne décelait aucune contraction des corps en mouvement. Pour comprendre ce résultat, on admit qu'intervenait aussi une variation de la masse des corps en mouvement. Enfin, il fallait, de plus, définir un « temps local » valable pour chaque système de référence galiléen. *Lorentz* puis *Poincaré* posèrent les relations entre coordonnées d'espace et de temps de deux systèmes en mouvement relatif rectiligne et uniforme. Mais, avec les idées de l'époque concernant le *caractère absolu de l'espace et du temps*, la signification profonde de la « transformation de Lorentz » demeurait complètement obscure. Ainsi, au début du siècle, tout était prêt mais rien n'était compris. Ce fut l'immense apport d'Einstein de résoudre le problème.

En effet, les concepts utilisés n'étaient pas directement reliés à la mesure. Les physiciens n'étaient pas conscients du fait que lorsqu'ils parlaient de la longueur d'un corps en mouvement, une telle quantité n'était pas définie sans ambiguïté.

En analysant de manière *opérationnelle* les procédés de mesures de longueur et de temps, *Einstein* a montré que les coordonnées spatiales et temporelles de deux observateurs galiléens étaient physiquement liées. L'expression mathématique de ce lien est précisément la *transformation de Lorentz* dont la signification est ainsi clarifiée. Le postulat fondamental de la *constance de la vitesse de la lumière dans le vide* permet de ramener les mesures de temps à des mesures d'espace. L'horloge idéale serait un rayon lumineux voyageant le long d'une règle rigide. Pour illustrer le lien concret entre étalons de longueur et de temps, citons la nouvelle définition du mètre établie par la dernière Conférence internationale des Poids et Mesures : *Le mètre est la longueur du trajet parcouru dans le vide par la lumière pendant une durée de 1/299792458 de seconde.* L'éther, devenu inutile, fut supprimé. Les conséquences déduites de la constance de la vitesse de la lumière levaient toutes les difficultés. La nouvelle théorie et ses développements ont reçu et reçoivent encore aujourd'hui de multiples justifications expérimentales.

Chapitre Premier

LE PRINCIPE DE RELATIVITÉ AVANT EINSTEIN

Le principe de relativité est aussi ancien que la physique elle-même. Selon ce principe, la description des phénomènes ne doit pas dépendre des observateurs, tout au moins pour une certaine catégorie d'entre eux. Les lois physiques, c'est-à-dire les relations entre grandeurs physiques, doivent avoir la même forme pour toute cette classe d'observateurs. Avec des instruments de mesure identiques, les physiciens rapportent les différentes grandeurs physiques à leur système de référence. Les valeurs de ces diverses grandeurs diffèrent d'un référentiel à l'autre. Mais si les lois qui relient ces grandeurs sont les mêmes, ces *référentiels* sont *équivalents*.

Exemple : Soient deux grandeurs A et B, et deux référentiels équivalents (S) et (S')

Grandeurs	*A*	*B*	*Relation*
Valeur dans (S)	a	b	$a = \mathbf{F}b$
Valeur dans (S')	a'	b'	$a' = \mathbf{F}b'$

Les valeurs de ces grandeurs par rapport à (S) et (S′) sont a, b et a', b' respectivement. Si $a = \mathbf{F}b$ par rapport à (S), alors $a' = \mathbf{F}b'$ par rapport à (S′) qui lui est équivalent, *avec le même* **F** qui peut être une constante ou une relation fonctionnelle plus compliquée. Bien entendu, tous les systèmes de référence ne sont pas équivalents. Ainsi, la description d'un phénomène ne sera pas la même suivant qu'on rapporte celui-ci à un manège immobile ou à un manège en rotation. Selon le principe de relativité, il existe des référentiels équivalents pour la formulation des lois physiques. C'est Galilée qui a dégagé le rôle de la relativité en physique. Mais cette relativité, trop large, devait être restreinte par le principe d'inertie et la dynamique newtonienne. Le principe de relativité restreinte admis depuis lors et jusqu'en 1905 énonçait l'équivalence des systèmes d'inertie (ou systèmes galiléens).

I. — Les systèmes d'inertie (systèmes galiléens) : définition, réalisation

C'est en Mécanique classique que le principe de relativité restreinte était valable. Mais comme on pensait que tout phénomène physique pouvait avoir une interprétation mécaniste, il n'a existé, pendant longtemps, aucune objection à opposer. Selon ce *principe de relativité restreinte*,

---

tous les systèmes d'inertie (ou encore systèmes de référence galiléens) sont équivalents pour la description du mouvement.

On appelle *systèmes d'inertie* des systèmes de référence par rapport auxquels le *principe d'inertie* est vérifié. Selon ce principe,

> tous les corps qui ne sont soumis à *aucune force* ou bien sont *au repos* de façon permanente, ou bien sont animés d'un *mouvement rectiligne et uniforme*.

La réalisation effective d'un système d'inertie ne peut être qu'approximative. Ainsi les murs d'un laboratoire fixé à la surface de la Terre constituent un bon système d'inertie pour les phénomènes qui s'y déroulent. Mais la petite accélération qui découle de la rotation diurne de la Terre ne peut pas toujours être négligée.

Les directions qui joignent le centre de la Terre à trois étoiles fixes constituent aussi un assez bon système d'inertie pour les phénomènes terrestres. Mais là encore, à une certaine précision interviendra l'accélération de la Terre sur son orbite autour du Soleil, pour limiter le caractère inertial de ce référentiel.

Enfin, une réalisation moderne d'un bon système d'inertie est constituée par un satellite artificiel. Par rapport à un vaisseau spatial, en dehors des périodes de départ et d'arrivée, un cosmonaute flotte librement. Il n'y a pas d'accélération du passager par rapport au véhicule. Une particule libre au repos dans le satellite restera au repos. Si on imprime une petite poussée à cette particule, son mouvement sera rectiligne et uniforme : le principe d'inertie est parfaitement vérifié dans un satellite.

II. — Temps absolu, espace absolu

Il est tout à fait évident que la position et le mouvement d'un corps ne peuvent se déterminer que par rapport à un autre corps qui joue le rôle de système de référence. Il est ainsi facile de mettre en évidence le caractère rectiligne et uniforme d'un mouvement par rapport à un système de référence. Mais on ne peut en conclure que, pour ce mouvement, le principe d'inertie est vérifié : une particule en mouvement rectiligne et uniforme par rapport à un laboratoire terrestre a un mouvement complexe par rapport au Soleil.

Le principe d'inertie, qui s'applique à des mouvements « libres » de corps non soumis à des forces, ne pourra être explicité qu'à l'aide de la *dynamique*. En effet, la dynamique est cette partie de la mécanique qui étudie les relations entre les forces et les mouvements. Or, la loi fondamentale de la dynamique

$$(1) \qquad \boxed{\mathbf{F} = m\gamma}$$

constitue, en fait, une simple *définition de la force* **F** en fonction de l'accélération γ d'un corps de masse m. Si **F** est nul, γ est nul : le mouvement d'un corps non soumis à une force est bien rectiligne et uniforme. Mais la réciproque est loin d'être aussi évidente : une accélération non nulle ne suffit pas à indiquer l'existence d'une *force réelle*. Reprenons l'exemple du manège en rotation. Pour un observateur de ce manège en rotation, toute personne immobile à l'extérieur du manège a une accélération. Néanmoins, elle n'est évidemment soumise à aucune force réelle. La force que manifeste cette accélération est une *force fictive* (force de Coriolis) qui disparaît quand on choisit un autre système de référence.

Pour assurer la validité du principe d'inertie, Newton fut amené à introduire les notions de temps absolu, d'espace absolu, de mouvement absolu.

« *Le temps absolu* vrai et mathématique, sans relation à rien d'extérieur, coule uniformément et s'appelle durée » (I. Newton, *Principes*, liv. I, Scholie, p. 10).

Ce temps absolu est universel.

« *L'espace absolu*, sans relation aux choses extérieures, demeure toujours similaire et immobile » (I. Newton, *ibid.*, p. 8).

Il est indépendant des corps qui s'y trouvent. Tout événement peut être daté sans équivoque en utilisant le temps absolu et universel. Chaque particule peut être localisée de manière unique dans l'espace absolu, à tout instant de temps absolu. Son déplacement d'un lieu absolu à un autre lieu absolu définit un *mouvement absolu*. Comment identifier cet espace absolu ? Si l'on peut déterminer un *système de référence par rapport auquel toutes les forces fictives disparaissent*, il coïncide avec l'espace absolu. Dans ce référentiel, seules subsistent les forces réelles et le *principe d'inertie* prend toute sa signification :

---

tout point matériel « libre » décrit une droite d'un mouvement uniforme par rapport à un système de référence lié à l'espace absolu.

L'espace absolu se présente ainsi comme un cas limite, asymptotique, comme un système d'inertie idéal. Comme l'a écrit Euler, « l'espace absolu est le garant de la validité du principe d'inertie ».

« Ainsi, dans l'espace absolu, tous les observateurs inertiaux, c'est-à-dire en mouvement rectiligne et uniforme par rapport à cet espace et, par conséquent, les uns par rapport aux autres, sont strictement *équivalents* » (M. A. Tonnelat, *Histoire du principe de relativité*, p. 74).

Par son caractère asymptotique, l'espace absolu nous assure que notre réalisation approximative de systèmes d'inertie tend vers une limite : il a été défini dans ce but.

III. — La transformation de Galilée

Si l'on connaît un système d'inertie (S), on peut en déduire une infinité d'autres (S′) en mouvement relatif rectiligne et uniforme.

La description de tous les objets de notre perception comporte nécessairement des positions et des temps. Personne ne peut valablement décrire la position d'un objet sans préciser l'instant où il occupe cette position. De même, si un phénomène survient à un instant donné, pour le décrire, la connaissance de sa position est indispensable. On désigne par le terme *événement* l'ensemble constitué par une *position* et un *instant* où cette position est occupée. Le concept d'événement joue un rôle essentiel en physique. Par exemple l'émission d'une particule, d'un flash de lumière, la collision de deux particules sont des événements. Pour spécifier un événement, il faut connaître non seulement l'endroit où il se produit mais encore l'instant où il se produit. Il s'agit, en fait, de « points-événements », sans épaisseur ni durée, complètement représentés par quatre nombres qui constituent leurs coordonnées (x, y, z, t).

Soit (x, y, z) un système de coordonnées cartésiennes et une coordonnée de temps t permettant le repérage d'un événement dans le système d'inertie (S), et de même (x', y', z', t') dans (S'). Pour un événement déterminé, on peut déduire ses coordonnées dans (S') à partir de celles dans (S) (et réciproquement), par la transformation suivante :

$$(2) \quad \begin{cases} x' = x - vt \\ y' = y \\ z' = z \\ t' = t \end{cases} \quad \text{et inversement} \quad \begin{cases} x = x' + vt' \\ y = y' \\ z = z' \\ t = t' \end{cases}$$

Les trois premières relations signifient que les axes de coordonnées des deux systèmes ont des directions parallèles, que leurs origines coïncident à l'instant $(t = t' = 0)$, et que l'origine de (S') se déplace avec une vitesse v, *constante*, le long de l'axe Ox.

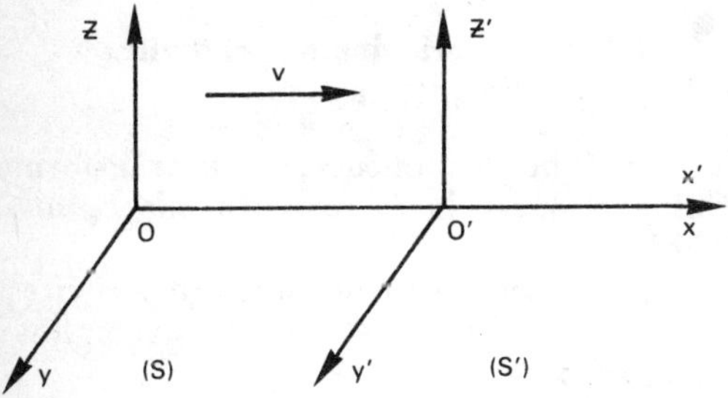

Fig. 1

La dernière relation (2) exprime le caractère universel du temps absolu : un observateur lié à (S) et un autre lié à (S') attribueront un même temps $(t = t')$ à un événement déterminé.

La transformation de coordonnées (2) est appelée *transformation de Galilée* [1].

D'après le principe de relativité restreinte que nous avons énoncé (p. 8), tous les systèmes d'inertie sont équivalents pour la description du mouvement et, par conséquent, pour la formulation des lois physiques. Or, la transformation (2) relie les coordonnées de deux tels systèmes. On peut donc en déduire la proposition suivante :

---

les lois de la mécanique ont la même forme dans deux systèmes de référence liés par une *transformation de Galilée.*

On obtient ainsi une autre expression du *Principe de Relativité Restreinte* tel qu'il était énoncé et appliqué avant Einstein. Ce principe de relativité est restreint, car il affirme l'équivalence des seuls systèmes d'inertie.

IV. — Le principe de relativité en mécanique classique

Une conséquence immédiate de la transformation de Galilée (2) est la *loi classique de composition des vitesses.*

Considérons une particule animée d'une vitesse w' par rapport à (S'), w' étant par exemple dirigé suivant Ox' :

$$w' = \frac{dx'}{dt'}.$$

[1] Une expression plus générale que (2) peut aisément être obtenue dans le cas où la direction de la vitesse relative v de (S') par rapport à (S) est quelconque.

D'après la transformation (2), la vitesse de la particule par rapport à (S) sera

$$w = \frac{dx}{dt} = \frac{dx}{dt'}\frac{dt'}{dt} = \frac{dx'}{dt'} + v$$

soit

$$(3) \qquad \boxed{w = w' + v}$$

Le mouvement de la particule est bien rectiligne et uniforme (si $w =$ constante, $w' =$ constante car $v =$ constante) par rapport aux deux systèmes d'inertie S et S′ animés d'une vitesse v l'un par rapport à l'autre. Mais la valeur de la vitesse de la particule n'est pas la même dans les deux référentiels. Il n'y aurait qu'un cas où une particule aurait même vitesse par rapport à S et S′. C'est celui d'une vitesse w infinie, pourvu que v soit fini (et négligeable). Alors, d'après (3), w' serait également infini.

V. — Le principe de relativité en électromagnétisme

Le principe de relativité, qui énonçait l'équivalence des observateurs galiléens (p. 14), était parfaitement vérifié en mécanique classique. Mais il était incompatible avec la loi de propagation de la lumière et, d'une manière plus générale, avec les phénomènes électromagnétiques.

On connaît, depuis Römer (1675), la valeur de la vitesse de la lumière dans le vide, *c*. Römer avait déterminé cette valeur par l'observation des éclipses des satellites de Jupiter, notamment I*o* le satellite le plus proche de Jupiter. Il avait trouvé 212 000 km/s. La valeur actuellement admise est

$$(4) \quad c = 299\,792{,}5 \text{ km/s},$$

soit une valeur très proche de 300 000 km/s. On admet que cette valeur est une constante, dans le vide, qu'elle ne dépend pas de la direction de propagation de la lumière. Or, il est évident qu'une onde lumineuse, isotrope par rapport à un système de référence S, ne peut conserver cette isotropie par rapport à un système S′ animé d'une vitesse v par rapport à S. D'après la loi classique de composition des vitesses (3), la vitesse c de la lumière par rapport au système S, devient $c \pm v$ par rapport à S′. On devrait pouvoir mettre en évidence cette anisotropie par une expérience d'optique, c'est-à-dire déceler un mouvement par une expérience interne. Or, ceci s'est révélé impossible, d'où une contradiction entre cinématique classique et propagation de la lumière. Ce conflit avec la mécanique va s'étendre à tout l'électromagnétisme, car les équations de Maxwell ne sont pas invariantes dans une transformation de Galilée.

Depuis Fresnel et le développement de l'optique ondulatoire, on pensait que « la lumière n'est qu'un certain mode de vibration d'un fluide universel ». De même, le son se propage comme une oscillation d'atomes dans un liquide, un solide ou un gaz. Tout phénomène ondulatoire semblait nécessiter un support matériel pour sa propagation. Ce milieu hypothétique luminifère, l'*éther*, était censé remplir tout l'espace et servir d'agent de transmission de la lumière et de l'électromagnétisme. Maxwell, en effet, ne pouvait admettre la propagation d'un champ dans le vide. Il supposait qu'un milieu matériel était nécessaire pour qu'une énergie se transmette d'une particule à une autre.

Les *propriétés de cet éther*, au fur et à mesure des progrès de l'optique, vont devenir paradoxales. Ainsi, pour interpréter les phénomènes de polarisation, Fresnel est amené à supposer que les vibrations lumineuses sont transversales. L'éther, milieu de propagation de ces vibrations, doit alors avoir une rigidité infinie. Il ne doit, néanmoins, opposer aucune résistance au mouvement des astres. Malgré ces propriétés étranges, l'hypothèse de l'existence de l'éther mène à la prédiction de phénomènes susceptibles de le mettre en évidence. Pendant plus d'un demi-siècle, on s'est acharné à traquer l'éther.

VI. — **Recherches expérimentales de l' « éther »**

Si l'éther est un milieu universel qui remplit tout l'espace, il est également contenu dans les milieux réfringents. Une question difficile s'est très vite posée à Fresnel : l'éther (ou encore les ondes lumineuses dont il est le support) est-il entraîné par les corps réfringents en mouvement ? Ce problème est apparu à la suite d'expériences réalisées par *Arago*. Celui-ci avait montré que les lois habituelles de la réflexion et de la réfraction de la lumière ne sont pas modifiées dans une *pile de glaces en mouvement*. Il semblerait donc, d'après ces résultats, que l'*éther*, « siège des vibrations lumineuses », est *totalement entraîné* dans le mouvement des corps réfringents. S'il en est ainsi, la vitesse de la lumière est constante dans l'éther entraîné comme dans l'éther interstellaire immobile. Le mouvement semble donc sans influence sur la propagation des ondes lumineuses. Or, ce résultat est en contradiction avec le phénomène d'aberration.

A) *Aberration de la lumière.* — C'est en 1728 que Bradley découvrit ce phénomène en observant, pendant une année, l'étoile γ du Dragon située près du zénith. Bradley découvrit que cette étoile décrivait, en un an, une orbite à peu près circulaire dont le diamètre angulaire était de 41″ environ. Il observa aussi que d'autres étoiles, diversement situées, avaient un mouvement semblable, en général elliptique. Dans tous les cas, le grand axe de ces ellipses est de 41″ d'arc environ. Pour des étoiles proches de l'écliptique, ces ellipses se réduisent à peu près à des droites. Ce mouvement apparent annuel des étoiles sur la sphère céleste est appelé *aberration*. Il n'a rien à voir avec un mouvement véritable de l'étoile par rapport à l'observateur terrestre. Il résulte de la vitesse v de la terre sur son orbite autour du Soleil et de la vitesse finie c de la lumière. On peut en rendre compte de la manière suivante.

Considérons une étoile E dont la direction est sensiblement normale au plan de l'écliptique.

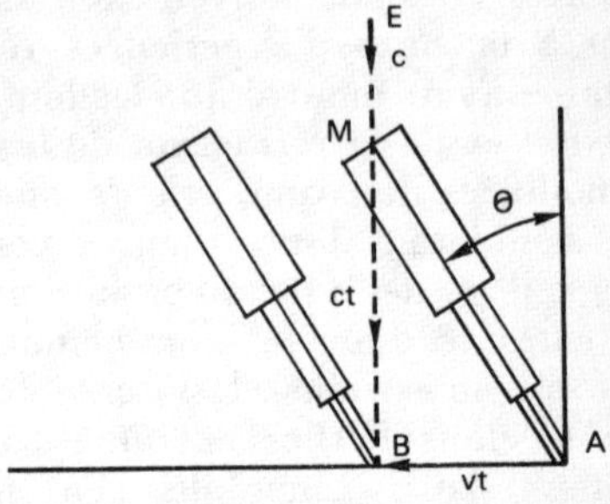

Fig. 2

Pour que l'observateur puisse voir l'image de l'étoile sur l'oculaire, il doit incliner le télescope comme indiqué sur la figure 2 : l'oculaire doit arriver en B juste en dessous de la position qu'avait la partie supérieure M quand le rayon entrait dans le télescope. Le rayon lumineux qui parvient à l'oculaire est orienté — selon Bradley — comme le drapeau d'un navire dans le vent. La direction du drapeau résulte de la direction suivie par le navire et de la direction du vent.

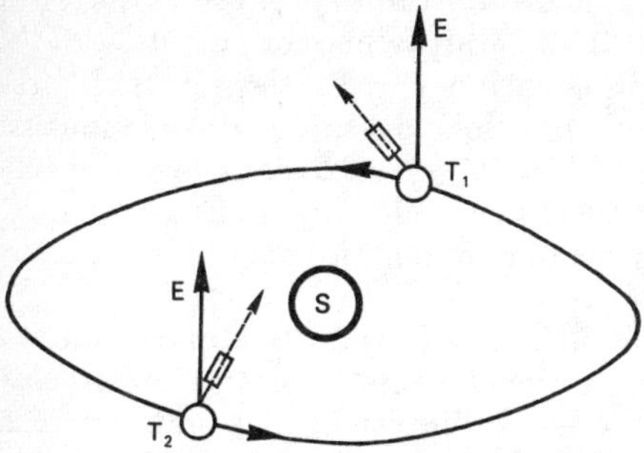

Fig. 3. — La vitesse résultante de la lumière (direction du télescope) varie en fonction du mouvement de la Terre autour du Soleil

Il est alors clair que la tangente de l'angle d'aberration θ (cf. fig. 2) est donnée par

$$(5) \qquad \mathrm{tg}\,\theta = \frac{AB}{MB} = \frac{vt}{ct} = \frac{v}{c}.$$

L'angle θ est petit. Compte tenu de la vitesse orbitale de la Terre, $v = 29{,}78$ km/s, on trouve

$$\theta \sim \mathrm{tg}\,\theta \sim \frac{30}{300\,000} = 10^{-4} \text{ radian} \sim 20{,}5''.$$

D'où le diamètre angulaire de $41'' = 20{,}5'' \times 2$ pour les ellipses que semblent décrire les étoiles. Cette valeur de 20,5″ est appelée constante de l'aberration annuelle. Elle est indépendante de la distance de l'étoile (contrairement à la parallaxe annuelle).

Par son interprétation cinématique (5), l'aberration est la première expérience directe « prouvant » la théorie héliocentrique de Copernic, c'est-à-dire montrant que c'est la Terre qui tourne autour du Soleil avec une vitesse v, et non l'inverse.

Ce phénomène d'aberration semble incompatible avec les expériences d'Arago selon lesquelles l'éther est totalement entraîné par les corps en mouvement. S'il en était ainsi, on ne devrait observer aucune aberration car l'interprétation précédente implique une loi classique de composition des vitesses ($c' = c \pm v$). Or, dans le cas d'un entraînement total, les ondes lumineuses ont une vitesse constante c par rapport à l'éther (et l'observateur !) entraîné.

Pour concilier ces résultats apparemment contradictoires, Fresnel admet alors un *entraînement partiel de l'éther* à l'intérieur des milieux réfringents mobiles. Il adopte, pour le coefficient d'entraînement α l'expression

$$(6) \qquad \alpha = 1 - \frac{1}{n^2},$$

où n est l'indice de réfraction du milieu. Pour $n \sim 1$, $\alpha = 0$ d'après (6) : il n'y a pas d'entraînement des ondes lumineuses dans l'air. Le phénomène d'aberration est, cette fois, tout à fait compatible avec cette hypothèse (6) de Fresnel. Mais c'est un cas limite. Une vérification tout à fait précise de l'hypothèse de Fresnel a été apportée par Fizeau en 1851. Cette expérience de Fizeau va confirmer l'expression (6) de l'entraînement partiel de l'éther. Le tableau suivant résume les hypothèses et expériences successives concernant l'éther :

Hypothèse	*Ether totalement entraîné*	*Ether non entraîné*	*Ether partiellement entraîné (Fresnel)*
Expérience justificative	Arago (pile de glaces en mouvement)	Bradley (aberration de la lumière)	Bradley ($\alpha = 0$) Fizeau $\left(\alpha = 1 - \frac{1}{n_2}\right)$

B) *Expérience de Fizeau.* — Cette expérience consiste à mesurer la *vitesse de la lumière* dans un milieu en mouvement, plus précisément *dans un courant d'eau.* Dans son dispositif, Fizeau envoyait un faisceau lumineux, à travers deux fentes percées dans un diaphragme D, dans deux tubes cylindriques de même longueur. Ces tubes communiquent à une extrémité ; ils sont remplis d'eau. Quand l'eau est immobile, on observe un système de franges d'interférence en O. Quand on met l'eau en mouvement, les franges se déplacent. On peut déduire de ce déplacement la vitesse de la lumière, aussi bien dans le sens du courant d'eau que dans le sens contraire.

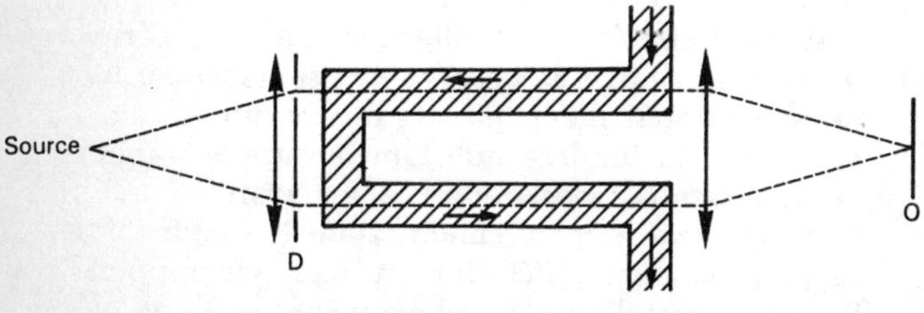

Fig. 4. — Expérience de Fizeau (1851)
(les flèches indiquent le sens du courant d'eau)

Or, l'expérience de Fizeau montre que la vitesse de la lumière dépend de celle du courant d'eau, mais pas d'une manière simplement additive selon la loi classique de composition des vitesses. Si v désigne la vitesse de l'eau, n son indice de réfraction, Fizeau n'a pas observé que la vitesse de la lumière devenait

$$c' = \frac{c}{n} \pm v,$$

le signe dépendant des directions relatives des rayons lumineux et de l'eau. Le résultat expérimental, aux limites d'erreur près, a montré que la vitesse de la lumière dans un courant d'eau était

$$(7) \quad c' = \frac{c}{n} \pm \left(1 - \frac{1}{n^2}\right) v.$$

Ce qui vérifiait avec précision l'hypothèse d'entraînement partiel de l'éther, selon l'expression donnée par Fresnel pour le coefficient d'entraînement (6).

D'autres expériences de même type furent encore réalisées. Elles étaient toutes en accord avec l'hypothèse de Fresnel.

Ces diverses expériences manifestent un *mouvement relatif*. En effet, dans les dispositifs que nous avons décrits, soit la source, soit l'observateur, soit les deux ne participent pas au mouvement dont on désire étudier l'influence. Dans l'expérience de Fizeau, source et observateur sont liés au laboratoire, et sont indépendants du courant d'eau. La vitesse de la lumière que l'on mesure se rapporte au laboratoire, c'est-à-dire à un système qui ne participe pas au mouvement. Dans le cas de l'aberration, la source (l'étoile) est fixe par rapport à l'éther interstellaire. Le phénomène décèle le mouvement relatif de la Terre par rapport au Soleil.

Or, pour détecter cet étrange éther, il est important d'arriver à déceler un mouvement par rapport à l'éther. Ce milieu étant universel, un tel *mouvement* est qualifié d'*absolu*. Pour le mettre en évidence par une *expérience interne* (c'est-à-dire sans faire appel à rien d'extérieur), il faut que la source et l'observateur participent au mouvement étudié. Dans ce but, on a cherché à déceler le mouvement de la Terre par rapport à l'éther, ou encore un « vent d'éther » soufflant en sens opposé dans l'écliptique. Tel était l'objectif de Michelson et Morley (1887).

C) *Expérience de Michelson et Morley.* — Le principe de l'expérience consiste à comparer la vitesse de la lumière dans deux directions perpendiculaires.

Deux faisceaux lumineux provenant d'une source monochromatique commune S interfèrent en F après avoir été séparés par une lame semi-transparente *a*. Si l'appareil est au repos par rapport à l'éther, des interférences s'établissent entre les faisceaux aM_1a et aM_2a (M_1 et M_2 sont deux miroirs). Si l'appareil (lié à la Terre) est en mouvement avec une vitesse v par rapport à l'éther,

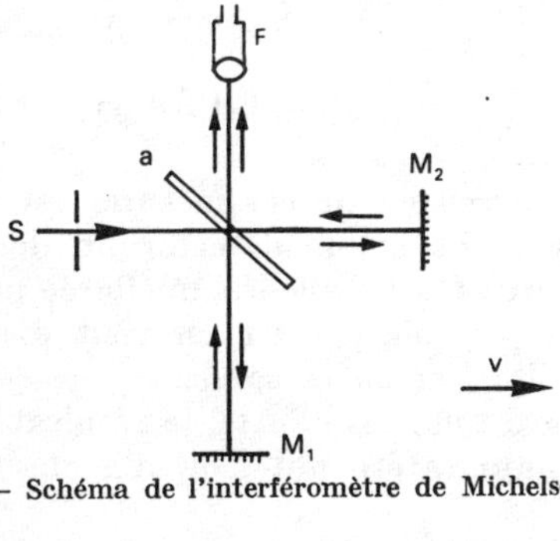

Fig. 5. — Schéma de l'interféromètre de Michelson-Morley

les franges d'interférence précédentes sont décalées, car les intervalles de temps mis par la lumière pour parcourir $aM_1 a$ et $aM_2 a$ sont modifiés de quantités différentes. On fait alors tourner l'interféromètre de 90°, de façon à intervertir le rôle des bras aM_1 et aM_2 (aM_1 étant cette fois le bras parallèle à la vitesse v). Pour éviter les déformations que pouvait entraîner cette rotation et réduire les effets des vibrations, l'appareil était monté sur une lourde pierre flottant sur du mercure.

Si la Terre traversait l'éther avec une vitesse v, on devrait observer un déplacement global de franges de

$$\Delta p = \frac{2(D_1 + D_2)}{\lambda \sqrt{1 - v^2/c^2}} \left(\frac{1}{\sqrt{1 - v^2/c^2}} - 1 \right) \sim \frac{(D_1 + D_2)}{\lambda} \frac{v^2}{c^2} \tag{8}$$

où D_1, D_2 sont les distances aM_1 ou aM_2, et λ la longueur d'onde de la lumière émise par S.

Par un système de réflexions multiples, Michelson et Morley avaient pu disposer de distances D d'une dizaine de mètres. Avec $\lambda = 0{,}5\mu = 0{,}5 \times 10^{-6}$ m et $v = 30$ km/s on prévoit un déplacement de l'ordre de

$$\Delta p = \frac{20 \times 10^{-8}}{0{,}5 \times 10^{-6}} = 0{,}4 \text{ frange.}$$

En fait, la précision de ces mesures est bien meilleure et pourrait même détecter un décalage dix fois plus petit. On l'a encore améliorée par la suite de façon à pouvoir déceler un vent d'éther aussi faible que 1,5 km par seconde.

Or, malgré tous ces efforts, le résultat de l'expérience a toujours été nul : on n'a observé aucun déplacement de franges d'interférence. L'expérience a été répétée avec différentes longueurs d'onde, en divers lieux (en haute altitude, sous la surface de la Terre, sur divers continents) et à diverses époques de l'année (à six mois d'intervalle, la vitesse de la Terre a une direction opposée), et cela pendant près de quatre-vingts ans ! Toujours, le résultat a été contraire à ce qu'on pouvait attendre de la loi classique de composition des vitesses. On n'a pu déceler aucun « vent d'éther » par rapport à la Terre. Autrement dit, il est *impossible de détecter expérimentalement le mouvement de la Terre par rapport à l'éther.*

Pour tenter de sauvegarder cet indécelable éther, on a émis l'*hypothèse que la vitesse de la lumière dépend de la vitesse de la source.* Or, cette nouvelle hypothèse est en contradiction avec l'observation des *étoiles doubles*, ainsi que l'a montré de Sitter.

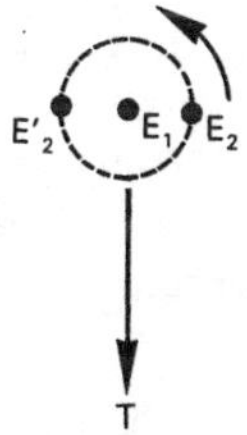

Fig. 6

Les étoiles doubles sont des ensembles de deux étoiles en rotation l'une autour de l'autre. Supposons que la composante E_2 s'éloigne de la Terre T. La vitesse de la lumière qu'elle émet alors serait plus faible. Au contraire, quand cette étoile est en E'_2, elle se rapproche de la Terre, et la vitesse de la lumière émise serait plus grande. Pour des étoiles doubles très lointaines, ces faibles différences de vitesses pourraient donner lieu à des différences de temps de propagation telles qu'un observateur terrestre verrait simultanément E_2 et E'_2, ce qui ne se produit pas.

La *vitesse de la lumière* est *indépendante de la vitesse de la source.*

Pour essayer encore de concilier ces diverses expériences avec l'éventuelle existence de l'éther, Lorentz (1892) et indépendamment Fitzgerald (1893) ont énoncé l'hypothèse suivante :

VII. — Hypothèse de Fitzgerald-Lorentz

Tout corps en mouvement rectiligne et uniforme avec une vitesse v se contracte dans la direction de son mouvement, la contraction relative étant $\sqrt{1-\beta^2}$ $\left(\text{on pose } \beta = \frac{v}{c}\right)$. On explique alors aisément le résultat nul de l'expérience de Michelson-Morley. Car, si l'on adopte cette hypothèse

$$l = l_0\sqrt{1-\beta^2} = l_0\sqrt{1-\frac{v^2}{c^2}} \tag{9}$$

(l_0 étant la longueur au repos), le déplacement global de franges Δp prévu par (8) se réduit à zéro : en effet D_1 et D_2 (alternativement dirigés suivant v) deviennent $D_1\sqrt{1-v^2/c^2}$ et $D_2\sqrt{1-v^2/c^2}$. Le déplacement des franges, compte tenu de l'hypothèse de Fitzgerald-Lorentz, s'écrit alors

$$\Delta p = \frac{2(D_1+D_2)}{\lambda\sqrt{1-v^2/c^2}}\left[\frac{\sqrt{1-v^2/c^2}}{\sqrt{1-v^2/c^2}}-1\right] = 0.$$

On a tenté aussi de mettre en évidence cet effet de contraction des longueurs en mouvement. Il est évident qu'on ne peut y parvenir par une mesure de longueur car, dans une expérience terrestre, l'étalon de longueur se contracte dans le même rapport que la longueur à mesurer. On s'est alors adressé à des mesures d'indice de réfraction de corps en mouvement, ou bien de résistance électrique, ou encore de fréquence de vibration d'une règle de quartz. Là aussi, les expériences furent négatives.

Pour expliquer ce nouveau résultat négatif, on fit appel à un deuxième effet du mouvement : l'*augmentation de la masse avec la vitesse* selon la relation

$$m = \frac{m_0}{\sqrt{1-\beta^2}} = \frac{m_0}{\sqrt{1-v^2/c^2}} \tag{10}$$

(m_0 étant la masse au repos). Cette relation est obtenue en appliquant l'hypothèse (9) de Fitzgerald-Lorentz à l'électron. Lorentz fut alors amené à modifier sa théorie des électrons et à faire intervenir, en outre, une *dilatation des durées* des phénomènes par rapport à leur durée évaluée dans l'éther. Il fallait ainsi définir des coordonnées « locales » d'espace et de temps pour chaque système de référence galiléen ([2]). Le lien entre les coordonnées « locales » de deux systèmes en mouvement relatif rectiligne et uniforme, de vitesse v, doit s'écrire ([3]).

$$(11) \quad \begin{cases} x' = \dfrac{x - vt}{\sqrt{1-\beta^2}} \\ y' = y \\ z' = z \\ t' = \dfrac{t - \dfrac{vx}{c^2}}{\sqrt{1-\beta^2}} \end{cases} \qquad \left(\beta = \frac{v}{c}\right)$$

c est la vitesse de la lumière dans l'éther.

([2]) Rappelons qu'on appelle *système galiléen* un système d'inertie (cf. p. 8).

([3]) Nous nous limitons toujours, pour alléger l'écriture, au cas de deux systèmes ayant leurs axes parallèles, leur vitesse relative v étant dirigée suivant l'axe des x.

On était donc arrivé, par une cascade de phénomènes compensateurs *ad hoc*, au bilan suivant :

Il existe un *éther*. Mais il est *indécelable* parce que les corps en mouvement subissent une *contraction de* leur *longueur*. Cette contraction est elle-même *indécelable* à cause de l'*augmentation de la masse avec la vitesse*, et de la *dilatation des durées* dans un système en mouvement par rapport à l'éther.

La transformation (11), dite *transformation de Lorentz*, assure l'impossibilité de déceler par une expérience interne (sans relation à rien d'extérieur) d'optique, le mouvement rectiligne et uniforme d'un système matériel par rapport à l'éther universel (au repos absolu). Et cette conclusion allait pouvoir s'étendre à tout l'électromagnétisme quand H. Poincaré montra que les équations de Maxwell demeurent invariantes dans une transformation de Lorentz. On peut donc, comme en Mécanique classique (cf. p. 14), énoncer un principe de relativité restreinte pour l'électromagnétisme mais sous une forme modifiée :

> les lois de l'électromagnétisme ont la même forme dans deux systèmes de référence en mouvement rectiligne et uniforme liés par une *transformation de Lorentz* [4].

On perçoit aussitôt le conflit qui s'est installé entre Mécanique et Electromagnétisme. Insistons sur le fait que pour Lorentz et Poincaré, le temps utilisé dans les relations (11) est un *temps local*, *fictif* comparé au temps de l'éther qui reste le *temps vrai*, *absolu*. L'éther demeure un système de référence privilégié.

[4] Remarque : La transformation de Lorentz (11) se réduit à la transformation de Galilée (2) pour des vitesses v très petites par rapport à la vitesse de la lumière c, ou encore en faisant tendre cette dernière vers l'infini.

CHAPITRE II

LA THÉORIE DE LA RELATIVITÉ RESTREINTE D'EINSTEIN (1905)

D'après ce qui précède, on se trouvait donc, au début du siècle, devant le problème suivant :

a) Selon la *Mécanique*, tous les *systèmes galiléens* sont *équivalents* pour la description du mouvement (principe de relativité). Si l'on adopte la *transformation de Galilée* pour passer d'un système d'inertie à l'autre, il en résulte une *loi d'additivité des vitesses*. En conséquence de cette loi

b) la *vitesse de la lumière* est *différente* dans deux systèmes galiléens.

Mais l'*expérience* a montré que

c) la *vitesse de la lumière dans le vide* est une *constante* *c* dans tous les systèmes galiléens. Elle est isotrope et indépendante du mouvement de la source. Or, la *transformation de Lorentz* assure cette constance de la vitesse de la lumière ainsi que l'invariance des équations de l'*électromagnétisme* dans tous les systèmes galiléens.

Les propositions *b)* et *c)* sont contradictoires.

« On semble donc ne pouvoir échapper au dilemme suivant : renoncer, soit au principe de la relativité, soit à la loi simple de propagation de la lumière dans le vide » (A. Einstein, *La théorie de la Relativité restreinte et générale mise à la portée de tout le monde*, p. 14).

Il appartenait à Albert Einstein de montrer « qu'*en réalité il n'y avait aucune incompatibilité entre le principe de relativité et la loi de propagation de la lumière* ».

Le développement de cette démonstration constitue *la théorie de la relativité restreinte*. Elle a été exposée, en 1905, par Einstein, dans un mémoire devenu célèbre : Zur Elektrodynamik bewegter Körper (Sur l'électrodynamique des corps en mouvement), *Annalen der Physik*, *17*, 891-921, 1905.

I. — Les deux postulats d'Einstein

Einstein va s'efforcer de conserver le principe de relativité « qui apparaît à l'esprit si naturel et si simple » selon ses propres termes. Mais, au lieu de le limiter à la seule Mécanique, il va l'étendre à toute la physique. Il va conserver également la loi simple de propagation de la lumière dans le vide. Les deux postulats qui sont à la base de la théorie de la relativité restreinte s'énoncent ainsi :

A) Tous les systèmes galiléens (systèmes d'inertie) sont équivalents pour la formulation des lois physiques.

B) Dans le vide, la lumière se propage avec une vitesse constante c par rapport à n'importe quel système galiléen, indépendamment du mouvement de la source.

Pour établir la compatibilité de ces deux postulats, Einstein analysa de manière approfondie les notions de temps et d'espace. Il montra la relativité de la notion de simultanéité, de la notion de longueur. Ce qui l'amena logiquement à une interprétation claire de la transformation de Lorentz.

II. — La notion de temps : relativité de la simultanéité

1. Retour sur le temps absolu. — La dynamique newtonienne postule l'existence d'un temps absolu (p. 11) mais sans indiquer la façon de le déterminer. En pratique, ce temps a été identifié avec le temps défini par le mouvement des corps du système solaire. Mais aucune nécessité logique n'impose cette identification. Et qui plus est, ce temps absolu est indépendant du système de référence (1).

Cette caractéristique essentielle entraîne immédiatement l'affirmation suivante, qui est loin d'être évidente :

« Deux événements simultanés, sont simultanés quel que soit le système de référence utilisé. » Car dès qu'on fait intervenir la notion de *temps*, on est confronté à la nécessité de définir la *simultanéité*.

2. Définition de la simultanéité. — Citons une remarque d'Einstein :

Quand je dis, par exemple, « le train arrive ici à 7 heures », cela veut dire que « le passage de la petite aiguille de ma montre à l'endroit marqué 7 et l'arrivée du train sont des événements simultanés » (A. Einstein, *Sur l'électrodynamique des corps en mouvement*, traduction M. Solovine, Gauthier-Villars, 1925).

(1) Quand on dit « le train arrive à 7 heures », on trouve inutile de préciser pour quel observateur (celui du train ou celui du quai), pour quel référentiel il en est ainsi.

Si l'on appelle temps et durée les indications fournies par les aiguilles d'une horloge, il n'y a aucune difficulté à déterminer le temps de divers événements (leur succession ou leur éventuelle simultanéité) survenant à l'endroit même où se trouve l'horloge ou dans son voisinage immédiat.

Mais la définition de la simultanéité est beaucoup moins évidente pour des événements se produisant en des points très éloignés l'un de l'autre. Afin de donner un sens à la notion de simultanéité, il faut imaginer un dispositif expérimental qui permette de décider que deux événements sont simultanés ou non. Pour illustrer le problème et sa solution, Einstein prend l'exemple de la foudre qui tombe simultanément en deux points A et B (éloignés l'un de l'autre) d'une voie ferrée. Comment montrer effectivement que les « deux éclairs ont été *simultanés* » ? Einstein imagine l'expérience suivante :

> « On mesure la distance AB en ligne droite le long de la voie, et l'on installe au milieu M un observateur muni d'un appareil (par exemple deux miroirs inclinés à 90°) lui permettant d'observer simultanément les deux points A et B. Si l'observateur aperçoit les deux éclairs en même temps, ils sont simultanés » (A. Einstein, *op. cit.*, p. 18).

On dira donc que *deux événements qui se produisent en deux points* A *et* B *d'un même système sont simultanés si des signaux émis en* A *et* B *et concomitants à ces événements, arrivent en même temps au milieu* M *de* AB. Or, tous les signaux utilisables se propagent avec une vitesse finie. On préférera utiliser les signaux les plus rapides, c'est-à-dire les signaux électromagnétiques et en particulier la lumière. Et c'est à l'aide de signaux électromagnétiques que l'on synchronisera les horloges d'un même système éloignées les unes des autres.

Comme le remarque Einstein dans l'exemple cité, dire que la lumière met le même temps pour parcourir AM et BM est une *convention* qui permet de définir la simultanéité. Car pour le vérifier, il faudrait déjà disposer d'un moyen de mesurer le temps. La convention précédente permet donc de déterminer la simultanéité pour un système galiléen particulier (système de la voie ferrée). Nous allons voir que cette simultanéité n'est pas conservée dans un autre système galiléen.

3. **Relativité de la simultanéité.** — Reprenons l'exemple classique d'Einstein. Le long de la voie ferrée précédente se déplace à présent un train, avec une vitesse *v*.

Nous allons considérer deux systèmes de référence : l'un, S, est lié à la voie ferrée ; l'autre S' au train en mouvement rectiligne et uniforme de vitesse *v* par rapport à S. Soient deux observateurs, l'un sur la voie, l'autre dans le train. Supposons, comme précédemment, que la foudre tombe simultanément aux points A et B, frappant aussi bien le train que la voie et laissant des marques permanentes de son action. Quand ces événements ont lieu, ce sont les points A' et B' du train qui coïncident avec les points A et B de la voie. Chaque observateur a pu vérifier ensuite que son appareil d'expérimentation (par exemple deux miroirs inclinés à 90°) était placé exactement au milieu (M ou M') des marques (A, B, A', B') laissées par la foudre ! Pour l'observateur de la voie, les deux éclairs A et B sont simultanés : les rayons lumineux issus de A et de B arrivent en même temps (fig. 7③) à l'observateur M situé au milieu de AB, sur la voie. Ces deux événements (les deux éclairs), simultanés par rapport à la voie (système S) sont-ils

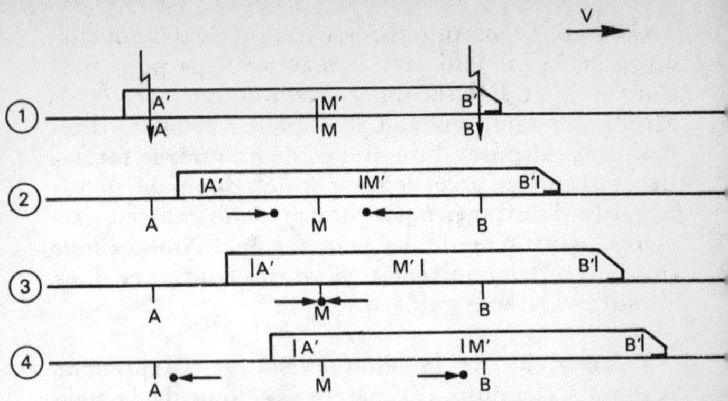

Fig. 7. — (d'après P. G. Bergmann) (¹)

① La foudre tombe en A, B, A', B' ; ② Le signal lumineux issu de B atteint M' (avant d'atteindre M) ; ③ Les deux signaux lumineux atteignent M ; ④ Le signal lumineux issu de A atteint M'.

également simultanés par rapport au train (système S') ? Einstein montre qu'il n'en est rien. L'observateur M' du train coïncide bien avec M quand les éclairs se produisent. Mais M' se déplace avec le train par rapport à la voie et ne coïncide plus avec M quand les signaux arrivent en M. Il va « à la rencontre de la lumière qui lui vient de B, tandis qu'il fuit devant la lumière lui venant de A » (fig. 7 ②). L'observateur M' conclura donc que « l'éclair B a été antérieur à l'éclair A » (fig. 7 ② et ④). Si un autre train se déplace en sens contraire du précédent, un observateur M'' de ce train S'' conclura au contraire que c'est l'éclair A qui est antérieur à l'éclair B. Or, la simultanéité a été définie comme la coïncidence de l'arrivée des signaux au milieu de A' B'.

Par conséquent, la notion de simultanéité n'a

(¹) *Introduction to the theory of Relativity* (Prentice-Hall, Inc. 1942).

pas de signification absolue (il ne pourrait en être ainsi que pour un signal se propageant avec une vitesse infinie). Des événements simultanés pour un système galiléen S ne le sont pas pour un autre système galiléen S′ ou S″. *La simultanéité a seulement une signification relative à un système d'inertie déterminé.* Et de plus *l'ordre de succession* de deux événements, simultanés pour S, peut être inversé suivant le système S′ ou S″ utilisé.

Cette conclusion condamne la notion de temps universel, chaque système de référence ayant son temps propre. Elle conduit donc à rejeter la transformation de Galilée. Et à rejeter aussi les conséquences de celle-ci, en particulier son application à la cinématique. La loi classique de composition des vitesses (3) ($w = w' + v$) devra donc être remplacée par une autre loi, relativiste. Et la contradiction entre le principe de relativité et la constance de la vitesse de la lumière disparaîtra.

Cette relativité de la simultanéité va se répercuter sur la mesure des longueurs.

III. — La notion de longueur

Reprenons l'exemple ferroviaire cher à Einstein. Nous supposons que l'observateur de la voie (S) ainsi que l'observateur du train (S′) peuvent effectuer des mesures de longueur dans leur système de référence respectif. Avant le départ du train, les deux observateurs se sont munis de mètres-étalons identiques. On dit que deux règles au repos par rapport à un même système de référence sont égales si leurs extrémités coïncident.

Considérons à présent l'étalon de longueur (le mètre) du train en mouvement. Cet étalon est matérialisé par une règle rigide. Cette règle a aussi, comme le train, une vitesse v par rapport à la voie. Comment va procéder l'observateur de la voie qui veut comparer ce mètre avec le sien ? Pour déterminer la longueur de cette règle rigide en mouvement, l'observateur de la voie doit repérer la position des extrémités de cette règle *à un même instant t par rapport à la voie* (S). S'il n'en était pas ainsi, la mesure de la règle en mouvement serait indéterminée. On peut imaginer que l'observateur de la voie prend une photo *instantanée* de la règle. Un tel instantané peut être réalisé par exemple si les extrémités de la règle émettent des flashes A et B simultanément ($t_A = t_B$). L'observateur de la voie peut alors comparer cet instantané à son propre mètre. Or nous savons que des événements simultanés pour l'observateur de la voie ($t_A = t_B$) ne le sont pas pour l'observateur du train ($t'_A \neq t'_B$). Ce dernier sait que sa règle, fixe pour lui (S′), mesure un mètre. Et il ne s'étonne pas d'apprendre que l'observateur de la voie lui attribue une longueur différente : en effet, selon l'observateur du train, l'observateur de la voie a repéré les extrémités de la règle du train à des instants différents ($t'_A \neq t'_B$). Pour l'observateur du train, le flash issu de B est antérieur au flash issu de A : $t'_B < t'_A$ (cf. fig. 7 ② et ④).

Ainsi, ce n'est pas seulement la *simultanéité* (c'est-à-dire le temps) qui *dépend du système de référence* mais, de même, le résultat de *la mesure d'une longueur dépend* lui *aussi du système de référence.*

Compte tenu de cette analyse, il n'est pas étonnant que l'additivité classique des vitesses soit inexacte. Prenons encore l'exemple d'un voyageur se trouvant dans un train en mouvement.

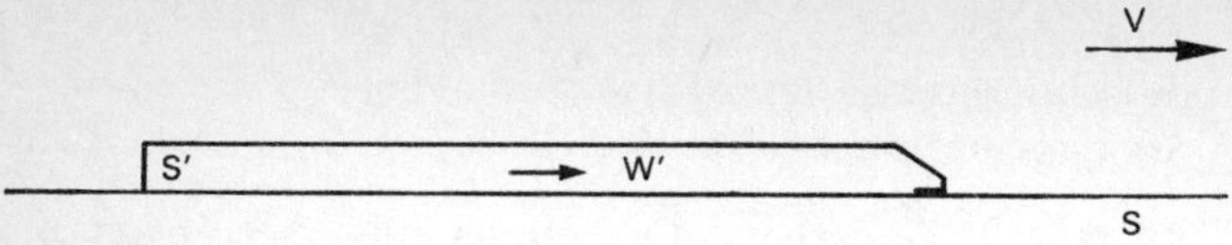

Fig. 8

Supposons que ce voyageur se déplace avec une vitesse w' (3) dans le train qui a lui-même une vitesse v par rapport à la voie. La loi classique de composition des vitesses nous dit que le voyageur a une vitesse

(3) $w = w' + v$

par rapport à la voie. Or, d'après la relativité de la simultanéité, le temps (1 seconde) que met le voyageur pour parcourir la longueur w' dans le train n'est pas le même ($\neq$ 1 seconde) pour l'observateur de la voie. De plus, la longueur w', parcourue par le voyageur pendant une seconde, est mesurée par rapport au train. Cette longueur est différente quand elle est mesurée par rapport à la voie. Par conséquent, la vitesse relative du voyageur par rapport au train n'est pas nécessairement égale à w' pour un observateur de la voie.

Il apparaît donc, dans cet exemple, que les mesures de longueurs et celles de temps sont liées. Einstein a démontré ce lien entre espace et temps par une analyse des processus opérationnels utilisés dans les mesures effectives de longueur et de temps.

IV. — La transformation de Lorentz

L'incompatibilité qui semblait exister entre le principe de relativité (équivalence de tous les sys-

(3) Ce qui signifie qu'il parcourt une longueur w' pendant une seconde.

tèmes galiléens) et la constance de la vitesse de la lumière dans le vide, découlait (cf. p. 29) de la transformation de Galilée. Or celle-ci

1° postule l'existence d'un temps universel, absolu ;
2° entraîne que la mesure d'une longueur a aussi une signification absolue, indépendante du mouvement d'un système de référence.

Nous savons, à présent, qu'il faut rejeter ces deux hypothèses. Einstein cherche alors par quelles nouvelles équations reliant les coordonnées de deux systèmes d'inertie il faut remplacer la transformation de Galilée pour assurer aussi bien la validité du principe de relativité que le caractère invariant de la vitesse c de la lumière. D'une manière intuitive, il se demande s'il existe « une relation entre la position et le temps d'un événement par rapport à deux systèmes de référence telle que tout rayon lumineux possède la même vitesse de propagation c par rapport à la voie et par rapport au train ? ». La réponse est : oui !

Soient S (la voie) et S′ (le train) les deux systèmes de référence. Leur vitesse relative est v. Ils sont munis d'horloges identiques et ils ont fait choix de systèmes de coordonnées : xyz pour S, $x' y' z'$ pour S′. Un événement quelconque sera repéré dans S par l'endroit où il se produit (xyz) et l'instant où il se produit (t). LE MÊME ÉVÉNEMENT sera déterminé dans S′ par les quantités correspondantes ($x' y' z' t'$). *Quelles relations* doivent exister entre les quantités ($xyzt$) et les quantités ($x' y' z' t'$) *pour que les deux postulats d'Einstein (principe de relativité, constance de la vitesse de la lumière dans le vide) soient satisfaits* ? La réponse à cette question est : *la transformation de Lorentz*

$$
(11) \quad \begin{cases} x' = \dfrac{x - vt}{\sqrt{1 - \dfrac{v^2}{c^2}}} \\ y' = y \\ z' = z \\ t' = \dfrac{t - \dfrac{v}{c^2}x}{\sqrt{1 - \dfrac{v^2}{c^2}}} \end{cases} \quad \text{et inversement} \quad (11\,a) \begin{cases} x = \dfrac{x' + vt'}{\sqrt{1 - \dfrac{v^2}{c^2}}} \\ y = y' \\ z = z' \\ t = \dfrac{t' + \dfrac{v}{c^2}x'}{\sqrt{1 - \dfrac{v^2}{c^2}}} \end{cases}
$$

Les équations données ici sont celles de la *transformation spéciale de Lorentz.* Elles supposent que les axes de coordonnées (xyz) et $(x'\,y'\,z')$ sont parallèles, que la vitesse v du système S′ par rapport à S est dirigée suivant l'axe des xx', dans le sens positif (cf. fig. 1, p. 13), et qu'on a choisi l'origine des deux temps ($t = 0$ et $t' = 0$) quand les origines O et O′ des systèmes de coordonnées coïncidaient. On peut aisément généraliser cette transformation de Lorentz dans le cas où les axes de coordonnées ne sont pas parallèles et où la vitesse relative de S′ par rapport à S n'est plus parallèle à l'axe Ox.

Si la vitesse v est très petite par rapport à la vitesse de la lumière c $\left(\dfrac{v}{c} \sim 0\right)$, la transformation de Lorentz se réduit à la transformation de Galilée. Enfin, la transformation de Lorentz n'a plus de sens pour des vitesses v supérieures à c, le radical $\sqrt{1 - \dfrac{v^2}{c^2}}$ devenant alors imaginaire. La vitesse c de la lumière dans le vide se comporte donc comme une *vitesse limite.*

On peut démontrer algébriquement que les équations (11) sont la solution du problème posé. On peut aussi, plus simplement, le vérifier.

Vérifions tout d'abord que *la vitesse de la lumière dans le vide est une constante* aussi bien pour le système S (voie) que pour le système S′ (train) si S et S′ sont liés par une transformation de Lorentz [4]. Considérons un signal lumineux émis en O à l'instant $t = 0$, qui se propage suivant l'axe des x avec une vitesse c par rapport à S. Sa propagation s'écrira simplement, dans S,

$$x = ct.$$

Portons cette valeur ct de x dans la 1re et la 4e relation de la transformation de Lorentz (11). Nous obtenons

$$x' = \frac{(c - v)\,t}{\sqrt{1 - \dfrac{v^2}{c^2}}} \qquad t' = \frac{\left(1 - \dfrac{v}{c}\right)t}{\sqrt{1 - \dfrac{v^2}{c^2}}}$$

d'où l'on tire immédiatement

$$x' = ct'.$$

La vitesse de propagation du signal lumineux considéré est aussi égale à c pour le système S′.

On peut vérifier enfin que le *principe de relativité* est satisfait, ou encore que les systèmes S et S′ sont équivalents, quand on utilise la transformation de Lorentz. Autrement dit, la description des phénomènes ne doit pas dépendre des observateurs S

[4] On appelle parfois S et S′ des systèmes de référence lorentziens.

ou S′. Chacun d'entre eux doit trouver la même loi physique. Nous allons vérifier qu'il en est bien ainsi pour la modification des longueurs (et aussi des durées) en fonction du mouvement : si l'observateur S trouve une modification de longueur pour le mètre de S′, *réciproquement* l'observateur S′ doit trouver *la même modification* pour le mètre de S.

« Cette réciprocité est, bien entendu, nécessaire pour assurer la Relativité, c'est-à-dire l'équivalence des situations » (M. A. Tonnelat, *Histoire du principe de relativité*, *op. cit.*, p. 165).

Cette vérification va nous amener à constater le phénomène de contraction des longueurs en mouvement, et aussi de dilatation des durées.

V. — La contraction des longueurs des corps en mouvement

Chaque observateur S ou S′ est muni d'une règle de même longueur (un mètre, par exemple). Supposons que la règle R_1, liée à S, soit placée parallèlement à l'axe Ox. Sa longueur est déterminée par la différence des coordonnées de ses extrémités :

$$l_0 = x_2 - x_1 .$$

Ces coordonnées x_1 et x_2 sont indépendantes du temps t puisque la règle est au repos par rapport à S. La longueur de la règle au repos, l_0, est encore appelée *longueur propre*. Pour l'observateur S′, cette règle est animée d'une vitesse v. Pour mesurer sa longueur, il doit connaître les coordonnées x'_1 et x'_2 des extrémités de R_1 prises *à un même instant t' de* S′.

La mesure d'une longueur en mouvement n'a de sens que si elle est effectuée dans les conditions d'une photographie instantanée. D'après la 1re des

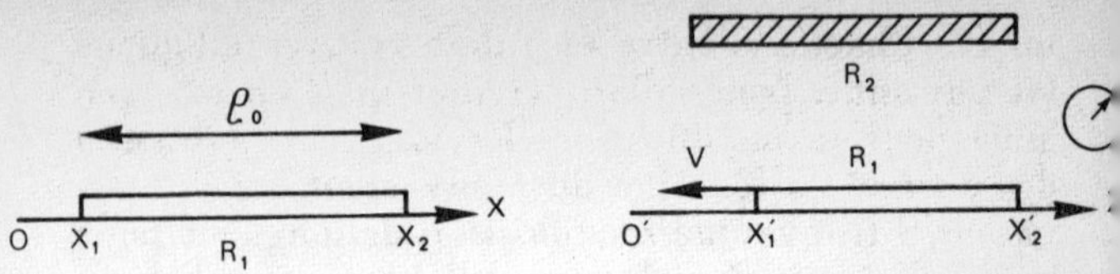

La règle R_1, de longueur propre l_0, est au repos dans S.

La règle R_2 est au repos dans S′. R_1 est en mouvement par rapport à S′.

Fig. 9

relations (11*a*) de Lorentz $\left(x = \dfrac{x' + vt'}{\sqrt{1 - \dfrac{v^2}{c^2}}}\right)$, l'observateur S′ obtiendra

$$x'_1 = x_1\sqrt{1 - \beta^2} - vt' \qquad \left(\beta = \frac{v}{c}\right)$$
$$x'_2 = x_2\sqrt{1 - \beta^2} - vt'$$

soit, pour la longueur de R_1 déterminée par S′,

$$l' = x'_2 - x'_1 = (x_2 - x_1)\sqrt{1 - \beta^2}$$
$$= l_0\sqrt{1 - \beta^2}.$$

L'observateur de S′ trouve que la règle de S subit une *contraction* de rapport $\sqrt{1 - \beta^2} = \sqrt{1 - \dfrac{v^2}{c^2}}$. S′ trouve que S utilise des étalons de longueur trop courts (5). Mais cette conclusion de la relativité restreinte est *réciproque*. Nous allons voir que S va aussi trouver une contraction des règles utilisées par S′. Transposons, pour cela, tout ce qui précède.

(5) Si au lieu de la transformation de Lorentz, on utilisait la transformation de Galilée, on trouverait, bien évidemment, $l' = l_0$: la mesure d'une longueur aurait une signification absolue, indépendante du mouvement.

La règle R_2, liée à S', étant disposée parallèlement à $O'x'$, sa longueur propre est donnée par

$$l'_0 = x'_2 - x'_1.$$

l'_0 et l_0, les longueurs propres sont égales s'il s'agit d'étalons de longueur. La règle R_2 est en mouvement avec une vitesse v par rapport à S. Pour déterminer sa longueur, l'observateur S doit *procéder à un même instant t de* S (photo instantanée).

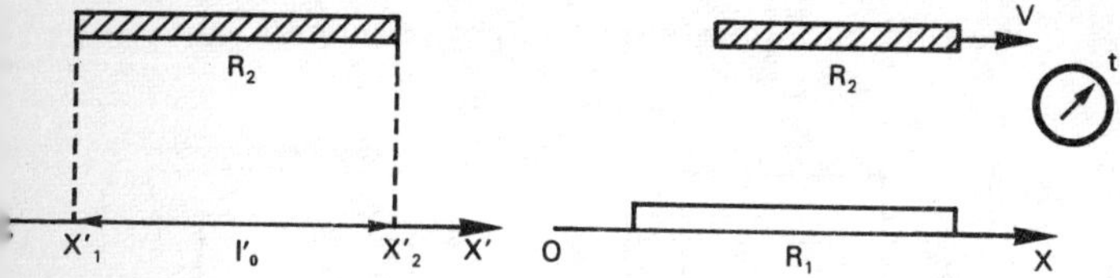

La règle, R_2, de longueur propre l_0 est au repos dans S'.

Photographie instantanée prise par S, de la contraction des longueurs.

Fig. 10

D'après la 1re des relations (11), on aura

$$x_1 = x'_1 \sqrt{1-\beta^2} + vt$$
$$x_2 = x'_2 \sqrt{1-\beta^2} + vt$$

soit une longueur

$$l = x_2 - x_1 = (x'_2 - x'_1)\sqrt{1-\beta^2}$$
$$= l'_0 \sqrt{1-\beta^2}.$$

Ainsi, les deux observateurs S *et* S' *trouvent une contraction des longueurs* de rapport

$$\sqrt{1-\beta^2}\left(=\sqrt{1-\frac{v^2}{c^2}}\right)$$

dans la direction du mouvement (6). Or, telle était exactement l'hypothèse arbitraire de Fitzgerald-Lorentz destinée à rendre compte du résultat expérimental de Michelson-Morley. Mais pour Fitzgerald et Lorentz la contraction des longueurs était « une véritable modification physique due au mouvement par rapport à l'éther ». Au contraire, pour Einstein, il s'agit d'un effet apparent (mais non illusoire) purement observationnel et *réciproque, provoqué par le mouvement relatif*. On peut résumer ces différents points de vue par le schéma suivant :

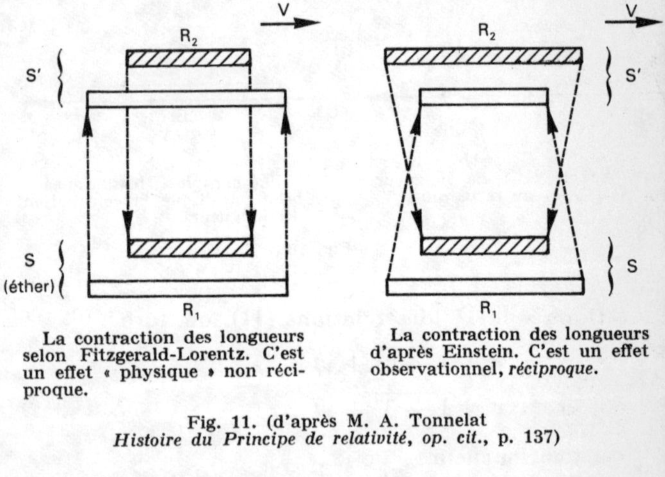

La contraction des longueurs selon Fitzgerald-Lorentz. C'est un effet « physique » non réciproque.

La contraction des longueurs d'après Einstein. C'est un effet observationnel, *réciproque*.

Fig. 11. (d'après M. A. Tonnelat *Histoire du Principe de relativité, op. cit.*, p. 137)

A titre de comparaison, indiquons le schéma beaucoup plus simple obtenu en remplaçant la transformation de Lorentz par la transformation de Galilée selon laquelle la notion de longueur est absolue.

(6) Il est facile de voir, d'après les 2e et 3e équations des relations (11) et (11 *a*) que des règles perpendiculaires à la direction du mouvement, ne sont pas modifiées par celui-ci.

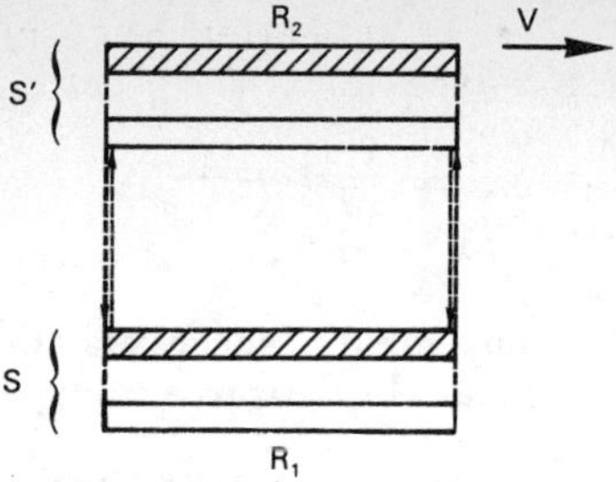

Fig. 12. — Dans la physique galiléenne
la notion de longueur est absolue
Elle ne dépend pas du mouvement du système de référence

VI. — Dilatation des durées ou ralentissement des horloges mobiles

Comme la notion de temps absolu a été abandonnée — et cela est visible d'après la dernière des équations (11) — il faut s'attendre à ce que la mesure des durées soit aussi modifiée par le mouvement. Pour le montrer, considérons une horloge immobile par rapport à S′ (S′ est le système propre de cette horloge), et placée, par exemple, en O′ (au point $x' = 0$, $y' = 0$, $z' = 0$). Le temps mesuré par cette horloge liée à S′ est le *temps propre* de S′. Les événements correspondant à deux battements successifs de l'horloge coïncident avec les indications t'_1 et t'_2 lues sur le cadran de l'horloge : par exemple $t'_1 = 0$ et $t'_2 = 1$ (1 seconde). L'horloge de S′ est animée d'un mouvement rectiligne et uniforme de vitesse v par rapport à S. Utilisons la 4e relation de la transformation de Lorentz (11*a*). Pour l'observateur S, l'intervalle de temps entre les deux battements successifs de l'horloge de S′ (fixée en $x' = 0$) est donné par

$$t_2 - t_1 = \frac{t'_2 - t'_1}{\sqrt{1 - \dfrac{v^2}{c^2}}} > t'_2 - t'_1.$$

Entre deux battements successifs de l'horloge de S′, l'observateur de S trouve non pas 1 s mais $\dfrac{1\ \text{s}}{\sqrt{1 - v^2/c^2}}$. A cause du mouvement, les durées sont dilatées. Une horloge mobile fonctionne plus lentement qu'une horloge au repos. Tous les phénomènes liés à S′ se ralentissent (ont une durée plus longue) dans le rapport $1\Big/\sqrt{1 - \dfrac{v^2}{c^2}}$ pour un observateur de S. Le *temps propre*, mesuré dans le système de référence par rapport auquel l'horloge est au repos, est habituellement noté par τ. Ainsi la relation précédente pourra s'écrire

$$(12) \quad \Delta t = \frac{\Delta\tau}{\sqrt{1 - \dfrac{v^2}{c^2}}} > \Delta\tau.$$

On pourra facilement vérifier que l'*effet*, comme dans la mesure des longueurs, est *réciproque*. C'est l'effet dit de *ralentissement* ou encore de *retard des horloges mobiles*. La *durée minimum* d'un phénomène est celle que détermine un observateur du *système propre* (système de référence lié au phénomène).

Les effets de contraction des longueurs en mouvement et de retard des horloges mobiles sont d'autant plus importants que la vitesse v est plus grande. Mais la vitesse c joue le rôle d'une vitesse limite qui ne peut être dépassée.

VII. — L'espace-temps de Minkowski

Ainsi, nous venons de voir que ni la mesure d'une longueur, ni celle d'une durée ne sont absolues. Contrairement à ce qui avait lieu en physique newtonienne, ni les intervalles de longueur, ni ceux de temps ne sont invariants d'après l'analyse d'Einstein. Ils dépendent du système de référence auquel on les rapporte.

Mais nous connaissons, dans la nouvelle théorie de la relativité, une grandeur qui est invariante : c'est la vitesse de la lumière dans le vide, *c*. Cet invariant va nous permettre de mettre en évidence un autre invariant (c'est-à-dire une grandeur qui demeure inchangée par une transformation de Lorentz) dont l'importance apparaîtra ultérieurement.

Supposons qu'un flash lumineux soit émis à l'instant $t = 0$, à l'origine O du système S. La propagation de ce flash depuis O jusqu'à un point $P(x, y, z)$ atteint à l'instant t, satisfait l'équation

$$c = \frac{\sqrt{x^2 + y^2 + z^2}}{t} \text{ (7) ou encore } \sqrt{x^2 + y^2 + z^2} = ct,$$

soit, après avoir élevé au carré

(13) $c^2 t^2 - (x^2 + y^2 + z^2) = 0.$

Vu du système S′ (en utilisant toujours la transformation de Lorentz), la propagation du flash lumineux vérifie aussi la loi

$$c^2 t'^2 - (x'^2 + y'^2 + z'^2) = 0$$

(7) En effet, par définition, la vitesse est égale au quotient de la distance parcourue par le temps mis à la parcourir :

$$\text{vitesse} = \frac{\text{distance}}{\text{temps}} = \frac{\text{OP}}{\text{t}}.$$

Nous avons écrit cette définition pour le flash lumineux de vitesse c. La distance OP, d'après le théorème de Pythagore est

$$\text{OP} = \sqrt{x^2 + y^2 + z^2}.$$

puisque la lumière a même vitesse c par rapport aux deux référentiels S et S'.

Considérons, à présent, deux événements de coordonnées $(x_1\, y_1\, z_1\, t_1)$ et $(x_2\, y_2\, z_2\, t_2)$ dans le système S. Désignons par $(ds)^2$ l'expression

$$(ds)^2 = c^2(t_2 - t_1)^2 - [(x_2 - x_1)^2 + (y_2 - y_1)^2 + (z_2 - z_1)^2]. \tag{14}$$

Calculons l'expression similaire obtenue en rapportant les deux événements à S', les coordonnées « prime » étant déduites des précédentes par une transformation de Lorentz :

$$(ds')^2 = c^2(t'_2 - t'_1)^2 - [(x'_2 - x'_1)^2 + (y'_2 - y'_1)^2 + (z'_2 - z'_1)^2].$$

On constate aisément que

$$(ds')^2 = (ds)^2. \tag{15}$$

L'expression (14) de $(ds)^2$, que nous écrirons plus simplement (en posant $t_2 - t_1 = dt$, $x_2 - x_1 = dx$, $y_2 - y_1 = dy$, $z_2 - z_1 = dz$) sous la forme

$$\boxed{ds^2 = c^2\, dt^2 - (dx^2 + dy^2 + dz^2)} \tag{16}$$

est donc *invariante* dans une transformation de Lorentz. On appelle la quantité *ds intervalle entre deux événements* : l'intervalle entre deux événements est le même dans tous les systèmes de référence lorentziens.

Le carré de l'intervalle, ds^2, peut être positif ou négatif (ou nul) suivant que ce sont les composantes de temps ou celles d'espace qui prédominent. Puisque l'intervalle a la même valeur quel que soit le système de référence lorentzien utilisé, la propriété pour ds^2 d'être positif, négatif ou nul est une caractéristique indépendante du référentiel. Le cas particulier précédent (13) qui décrivait la propagation d'un signal lumineux de O à P correspondait à $ds = 0$. *L'intervalle ds entre deux événements est nul quand les deux événements peuvent être reliés par un rayon lumineux.*

Si le carré de l'intervalle entre deux événements est positif ($ds^2 > 0$), l'*intervalle* est dit *du genre temps* : la partie temporelle de l'intervalle prédomine sur la partie spatiale.

Si ds^2 est négatif, l'*intervalle* est dit *du genre espace* : la partie spatiale de l'intervalle prédomine sur la partie temporelle.

Pourquoi appeler ds intervalle entre deux événements ? Introduisons, au lieu de la variable t une quantité imaginaire $x_4 = \sqrt{-1}\,ct$. Posons enfin

$$\begin{cases} x_1 = x \\ x_2 = y \\ x_3 = z \\ x_4 = \sqrt{-1}\,ct \end{cases}$$

et utilisons des notations analogues pour le système S'. On vérifie alors aisément que l'égalité (15), qui exprime l'invariance du ds^2, s'écrit maintenant — compte tenu de l'expression (16) —

$$(dx_1)^2 + (dx_2)^2 + (dx_3)^2 + (dx_4)^2 = (dx'_1)^2 + (dx'_2)^2 + (dx'_3)^2 + (dx'_4)^2.$$

On voit, sur cette équation, que la coordonnée de temps x_4 joue exactement le même rôle que les trois coordonnées d'espace x_1, x_2, x_3.

« C'est pourquoi, d'après la théorie de la relativité, le « temps x_4 » s'introduit de la même façon que les coordonnées d'espace x_1 x_2 x_3 dans les lois de la nature » (A. Einstein, *op. cit.*, p. 107).

Or, la distance entre deux points dans l'espace euclidien (celui dont nous avons l'habitude !) est donnée, en coordonnées cartésiennes, par

$$(\text{distance})^2 = (dx_1)^2 + (dx_2)^2 + (dx_3)^2.$$

L'expression — ds^2 exprimée à l'aide des coordonnées ($x_1\, x_2\, x_3\, x_4$), a exactement la même forme — mais étendue à 4 dimensions — que la (distance)^2 entre deux points de l'espace habituel. D'où le nom d'intervalle donné à *ds*.

Au lieu d'avoir, comme dans la mécanique classique,

$$(\text{distance})^2 = (\text{distance}')^2 \text{ et indépendamment}$$
$$(dt)^2 = (dt')^2,$$

la théorie de la relativité nous montre que ce qui est invariant, c'est l'intervalle

$$(15) \quad ds^2 = ds'^2.$$

C'est pourquoi Hermann Minkowski a pu énoncer, en 1908, cette phrase demeurée célèbre :

« Désormais l'espace en lui-même et le temps en lui-même sont condamnés à s'évanouir comme de pures ombres, et seule une sorte d'union des deux conservera une réalité indépendante » (H. Minkowski, Conférence à la 80e Assemblée des physiciens et naturalistes allemands, Cologne, 21 septembre 1908).

C'est cette union de l'espace et du temps que l'on appelle *l'espace-temps*. Nous vivons dans l'espace-temps. La physique se déroule dans l'espace-temps. L'espace est différent pour différents observateurs. Le temps également. Mais l'espace-temps est le même pour tous.

« Selon la théorie de la relativité restreinte, le continuum à 4 dimensions ([8]) formé par l'union de l'espace et du temps

([8]) Dire que le monde est un continuum à 4 dimensions signifie qu'il est composé de points-événements. Chaque point-événement est déterminé par 4 nombres, soit 3 coordonnées d'espace *xyz* et une coordonnée de temps *t*. Et, il existe pour chaque point-événement des points-événements aussi voisins que l'on veut. Un point-événement, ou plus simplement un événement, est un point quelconque de l'espace-temps.

retient le caractère absolu qui, selon la théorie précédente, appartenait à la fois à l'espace et au temps séparément » (A. Einstein, *Essays in Science*, Phil. Lib. New York 1934).

L'espace-temps est donc le nouvel absolu mis en évidence par la théorie de la relativité. Revenons à l'expression (16) de l'intervalle invariant ds^2, en utilisant des coordonnées réelles :

$$(16) \quad ds^2 = c^2\, dt^2 - (dx^2 + dy^2 + dz^2).$$

Le temps et l'espace y sont inexorablement réunis. On peut, par un artifice (en posant $x_4 = \sqrt{-1}\, ct$), faire jouer un rôle équivalent aux coordonnées d'espace et de temps. On peut mesurer le temps en mètres (en mesurant ct) comme s'il s'agissait d'une longueur. Mais la nature du temps diffère d'une longueur, et cela se traduit, dans l'expression (16), par des signes différents : $+ c^2\, dt^2$ et $- dx^2$, $- dy^2$, $- dz^2$. Dans l'expression du ds^2, il y a un carré précédé du signe $+$, les trois autres étant précédés du signe $-$: $+ - - -$ (9). On traduit ce fait en disant que l'*espace-temps de Minkowski est improprement enclidien.*

Enfin, revenons à l'expression (12) du temps propre τ, temps mesuré par une horloge liée au système de référence. Ecrivons-la sous la forme

$$(12a) \quad d\tau = dt \sqrt{1 - \frac{v^2}{c^2}}$$

ou encore

$$d\tau^2 = dt^2 \left\{ 1 - \frac{1}{c^2} \left[\frac{dx^2 + dy^2 + dz^2}{dt^2} \right] \right\}$$
$$= \frac{1}{c^2} \{ c^2\, dt^2 - dx^2 - dy^2 - dz^2 \} = \frac{1}{c^2}\, ds^2$$

(9) Certains auteurs prennent une convention opposée $- + + +$.

soit

(17) $ds^2 = c^2\, d\tau^2$.

Il résulte de cette importante relation que, comme l'intervalle ds, le temps propre, $d\tau = \frac{1}{c}\, ds$, est aussi invariant dans une transformation de Lorentz.

VIII. — Passé, Présent, Futur ; Causalité

Nous avons déjà remarqué que l'intervalle ds entre deux événements s'annule quand ces deux événements peuvent être reliés par un rayon lumineux. Portons sur un diagramme d'espace-temps le lieu de tous les événements qui peuvent être reliés à un événement déterminé (O par exemple) par un signal lumineux. Supposons que O se trouve à l'origine des coordonnées. Limitons-nous aux événements pour lesquels $z = 0$. Les coordonnées $(x\, y\, t)$ des événements A tels que

$$(ds)^2_{\mathrm{OA}} = 0$$

vérifient l'équation

$$c^2\, t^2 = x^2 + y^2$$

ce qui est l'équation d'un cône (appelé cône « nul » ou *cône de lumière*, ou encore cône isotrope). Traçons ce cône dans un diagramme d'espace-temps rapporté aux coordonnées xyt.

Ce cône, qui peut être tracé en prenant n'importe quel point de l'espace-temps comme sommet, représente le lieu des trajectoires des rayons lumineux reçus ou émis par 0. Son angle au sommet est de 90° : en effet, la projection de ce cône sur le plan (t, x) a pour équation

$$c^2\, t^2 = x^2 \quad \text{c'est-à-dire} \quad ct = \pm\, x.$$

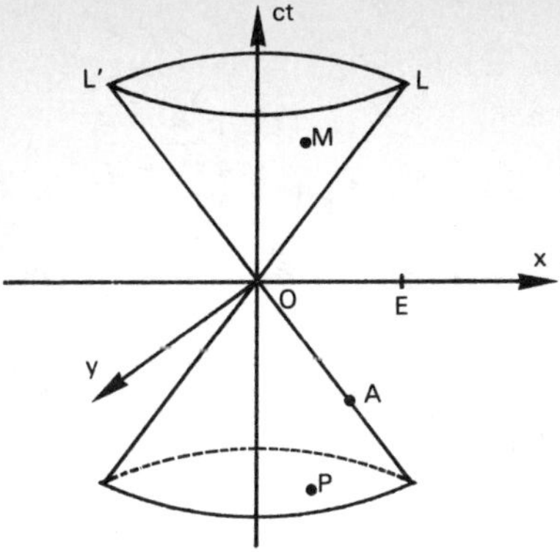

Fig. 13. — Les deux nappes du cône de lumière

Les droites OL et OL', génératrices du cône de lumière, sont les bissectrices de l'angle formé par les axes (Ox, ct). Elles forment entre elles, par conséquent, un angle L'OL égal à 90°. Ce cône a deux nappes, l'une sur laquelle t est < 0, l'autre sur laquelle t est > 0. La première est formée par l'ensemble des points qui peuvent envoyer de la lumière à O, la seconde par l'ensemble des points qui peuvent recevoir de la lumière émise par O. La 1re nappe forme la limite du *passé* de O ; la 2e nappe limite le *futur* de O.

Tous les événements dont les points représentatifs M sont situés *à l'intérieur du cône de lumière* de sommet O sont tels que

$$(ds)^2_{OM} > 0.$$

L'intervalle OM est du genre temps. Deux événements tels que O et M peuvent alors avoir une *relation causale*, car ils peuvent être connectés par un signal se propageant avec une vitesse inférieure à c. En effet, un signal allant de O à M parcourt une distance $\sqrt{dx^2 + dy^2}$ pendant le temps dt. La vitesse de ce signal est $\frac{\sqrt{dx^2 + dy^2}}{dt} < c$ puisque

$$(ds)^2_{OM} = c^2\,dt^2 - (dx^2 + dy^2) > 0.$$

Si l'on a

$$\begin{cases} (ds)^2_{OM} > 0 \quad \text{et} \\ (dt)_{OM} > 0 \end{cases}$$

le point M est situé à l'intérieur de la nappe supérieure du cône et l'événement M est postérieur à l'événement O : O peut être la cause de l'effet M. La *nappe supérieure* du cône représente le *futur* de O. D'une manière analogue, un événement P tel que

$$\begin{cases} (ds)^2_{OP} > 0 \quad \text{et} \\ (dt)_{OP} < 0 \end{cases}$$

peut être relié causalement à O ; il est situé dans la nappe inférieure du cône et il est antérieur à O. L'événement P peut, dans ce cas, être la cause de l'effet O.

La *nappe inférieure* du cône représente le *passé* de O. A la limite, deux événements (O et A) situés sur le cône de lumière peuvent aussi avoir une relation causale, car ils peuvent être connectés par un signal qui se propage à la vitesse limite c.

A cause du caractère invariant de l'intervalle ds^2, deux événements qui peuvent être interprétés comme cause et effet, le seront quel que soit le système lorentzien utilisé. Il est *impossible de chan-*

ger l'ordre de succession de deux événements liés causalement (ou pouvant l'être).

Par contre, tous les événements dont les points représentatifs E sont situés *à l'extérieur du cône de lumière* de sommet O sont tels que

$$(ds)^2_{OE} < 0.$$

L'intervalle OE est du genre espace. Ces événements O et E ne peuvent avoir d'effet l'un sur l'autre car, pour les relier, il faudrait disposer d'un signal de vitesse supérieure à c. Or, tous les signaux connus ont une vitesse de propagation $\leqslant c$. Aucune relation causale n'est possible entre O et E. Cette région extérieure au cône est encore appelée le *présent* de O. Ainsi, le présent d'un observateur O est constitué par tous les événements dont il ne peut recevoir — et auxquels il ne peut envoyer — aucun signal. L'observateur O ne peut ni influencer ni être influencé par les événements de cette région. On appelle aussi parfois cette région de l'espace-temps *l'ailleurs*.

Supposons que les événements O et E soient simultanés par rapport à S

$$(dt_{OE} = 0, \quad (ds)^2_{OE} = -(dx)^2_{OE} < 0).$$

Pour les connecter, il faudrait utiliser un signal de vitesse infinie, ce qui est impossible. *Des événements simultanés* par rapport à un repère lorentzien S, *ne peuvent avoir de relation de cause à effet*. Or nous savons (cf. p. 35) que la simultanéité a seulement une signification relative à un système déterminé. Pour d'autres systèmes de référence S′, S″, l'événement O sera antérieur à l'événement E, ou bien au contraire E sera antérieur à O. On peut montrer plus généralement que l'*ordre de succession de deux événements* situés en dehors de leur cône de lumière respectif [10] (c'est-à-dire *sans possibilité de relation causale*) *n'a pas de signification absolue* : l'ordre de succession dépend, dans ce cas, du référentiel utilisé.

IX. — Paradoxes de la relativité restreinte

Certains paradoxes de la relativité restreinte désignent des conséquences de cette théorie « jugées absurdes quand on se réfère à l'expérience usuelle et même en contradiction avec le *simple bon sens* » (M. A. Tonnelat, *op. cit.*). De tels paradoxes se rapportent à des désaccords entre les prévisions de la théorie et les idées intuitives « habituelles » : contraction des longueurs en mouvement, retard des horloges mobiles, relativité de la simultanéité. De tels effets paraissent choquants ; ils ont entraîné de violentes polémiques contre la théorie d'Einstein. Ces jugements « antirelativistes » sont évidemment liés à une mauvaise compréhension de la théorie, à une interprétation erronée des processus opérationnels (mesures de longueur, de temps, définition de la simultanéité).

Mais certains autres paradoxes concernent la théorie elle-même et semblent déceler des contradictions internes, des incompatibilités avec les principes de la théorie. Tel est le cas du célèbre *paradoxe des horloges* appelé aussi, de façon plus spectaculaire, *paradoxe des jumeaux* ou *voyageur de Langevin* [11]. Dès le mémoire de 1905, Einstein avait prévu cet effet : supposons, écrit Einstein, que deux horloges synchrones se trouvent en un point A.

[10] L'événement E est à l'extérieur du cône de lumière de sommet O. Réciproquement, si l'on traçait le cône de lumière de sommet E, on trouverait que O est aussi à l'extérieur de ce cône.

[11] Du nom de Paul Langevin, le physicien qui a discuté longuement de ce problème.

« Si l'on déplace l'une d'elles avec une vitesse constante v le long d'une courbe fermée jusqu'à son point de départ, ce qui pourrait demander t secondes par exemple, cette horloge retardera de $\frac{1}{2} t \left(\frac{v}{c}\right)^2$ de seconde sur celle qui est restée immobile en A » (A. Einstein, *op. cit.*).

Nous verrons, dans la suite de ce paragraphe, en quoi consiste le paradoxe. Mais auparavant, examinons d'autres formes de ce résultat. L'énoncé précédent d'Einstein a été remplacé par un énoncé (dont le contenu physique reste le même) beaucoup plus sensationnel, à la suite d'une remarque d'Einstein : les battements du cœur humain constituent aussi une horloge dont le rythme peut être affecté par le mouvement, comme une horloge ordinaire. Tout le métabolisme étant affecté de la même manière, le phénomène de retard des horloges mobiles peut encore être décrit comme un vieillissement ralenti des personnes en mouvement. D'où l'énoncé suivant du paradoxe des horloges sous la forme *paradoxe des jumeaux* (ou *voyageur de Langevin*) :

« Le jour de leur 21e anniversaire, Paul quitte son jumeau Pierre qui demeure à terre. A bord d'une fusée dont la vitesse est égale à 0,96 fois celle de la lumière (soit 288 000 km par seconde !), Paul voyage en maintenant le cap sur Sirius, pendant sept ans de son temps. A ce moment, il change de direction, rebrousse chemin et, au bout de sept autres années, il revient sur terre. Quelle n'est pas sa stupéfaction de constater qu'alors que lui-même est âgé de $21 + 14 = 35$ ans, son jumeau Pierre, resté à terre, est âgé, au moment de leur réunion, de 71 ans ! »

Tels sont *les faits* : à son retour Paul, le voyageur, est plus jeune que son jumeau Pierre qui est resté sur terre.

Et c'est ici que nous allons rencontrer *le paradoxe* c'est-à-dire, semble-t-il, une contradiction avec le principe de relativité selon lequel tous les systèmes de référence en mouvement relatif (rectiligne et uniforme) sont équivalents. Les lois physiques doivent avoir la même forme dans tout système d'inertie. L'observateur O d'un système d'inertie S trouve que l'horloge de O′ retarde mais *réciproquement* l'observateur O′ du système S′ trouve aussi que l'horloge de O retarde (même loi physique : retard d'une horloge mobile). Or, dans le cas du voyageur de Langevin, *les deux jumeaux* Pierre et Paul *ont été en mouvement relatif*. Chacun devrait donc voir les horloges de l'autre se ralentir. Ainsi, Pierre ne s'étonne pas que l'horloge de Paul — et son vieillissement — se soit ralentie et que, par conséquent, au retour, Paul soit plus jeune. Mais Paul s'étonne : d'après le principe de relativité, pense-t-il, j'aurais dû trouver que l'horloge de Pierre s'est ralentie. Comment se fait-il qu'il soit plus âgé que moi ?

Une analyse approfondie de la question supprime le paradoxe (mais non les faits !). *Il n'y a pas de contradiction* entre les conséquences du « voyage » et le principe de relativité si l'on applique celui-ci correctement. Le paradoxe apparaît car on s'appuie sur l'effet réciproque de ralentissement des horloges dans un domaine où il n'a pas lieu d'être. En effet, la transformation de Lorentz (qui traduit le principe de relativité) relie deux systèmes de référence en mouvement relatif rectiligne et uniforme (systèmes d'inertie). A chaque observateur (O ou O′) on peut lier un système propre (S ou S′) auquel il reste toujours attaché. Le passage du système S au système S′, réalisé à l'aide de la transformation de Lorentz, entraîne des *effets* tout à fait *réciproques*. Mais le mouvement relatif de O′ par rapport à O est un *mouvement rectiligne et uniforme*, *de vitesse constante indéfiniment*, éternellement.

Or, que s'est-il passé dans le cas de Paul ? Même en minimisant les durées du voyage où de fortes accélérations intervenaient (départ, changement brusque de direction, retour), même si la vitesse de croisière de Paul était à peu près constante en valeur absolue, *au point de rebroussement du voyage*, cette vitesse a brutalement changé de direction. Autrement dit, si Paul a été lié à un système d'inertie (de vitesse $+ v$) pendant sept ans, comme un système d'inertie ne change pas de direction, il a été lié à un *2e système d'inertie* (de vitesse $- v$) pendant les sept années suivantes. Pour passer à ce 2e système d'inertie, Paul a dû subir une forte accélération. C'est pourquoi le principe de relativité ne s'applique pas au cas des deux jumeaux. Il n'y a pas réciprocité car l'intervention de cette accélération permet de savoir quel jumeau l'a subie et a changé de système d'inertie, et quel jumeau est resté immobile.

Au contraire, dans le cas d'un *mouvement relatif indéfiniment rectiligne et uniforme*, les conclusions des deux observateurs sont tout à fait réciproques : on ne peut dire quel est celui qui est resté immobile.

X. — Cinématique relativiste

En mécanique classique, le passage d'un système d'inertie à un autre s'effectuait à l'aide de la transformation de Galilée (cf. (2) p. 13). Celle-ci avait pour conséquence la loi classique d'additivité des vitesses : $w = w' + v$. Dans la nouvelle théorie de la relativité, la transformation de Lorentz a pris la place de la transformation de Galilée. Il faut donc s'attendre à ce qu'une loi relativiste de composition des vitesses remplace la loi classique.

Pour trouver cette nouvelle loi, considérons un mobile P animé d'une vitesse constante parallèle à l'axe des (x, x'), soit w', par rapport au système de coordonnées S'. Son mouvement, rectiligne et uniforme, sera décrit, dans S', par l'équation

$$x' = w'\,t'.$$

Utilisons les 1re et 4e relations de la transformation de Lorentz (11) (cf. p. 39). On vérifie aisément que P a également, par rapport au système S, un mouvement rectiligne et uniforme tel que

$$x = wt,$$

la vitesse w de P par rapport à S ayant comme expression

$$(18) \qquad \boxed{w = \frac{w' + v}{1 + \dfrac{vw'}{c^2}} \quad \text{et inversement} \quad w' = \frac{w - v}{1 - \dfrac{vw}{c^2}}}$$

La vitesse v (qui figure dans la transformation de Lorentz) est celle du système S' par rapport au système S : elle est positive quand S' se déplace dans le sens positif de Ox. La loi (18) obtenue s'applique au cas de vitesses parallèles (et parallèles à l'axe des x). Mais il n'y a aucune difficulté à envisager le cas général. Seule, l'écriture des relations est plus longue.

Dans le cas de vitesses (w', v) très petites par rapport à celle de la lumière $\left(\frac{vw'}{c^2} \text{ négligeable}\right)$, la loi relativiste (18) se réduit à la loi classique de simple additivité.

Enfin, la loi relativiste (18) de composition des vitesses entraîne l'existence d'une *vitesse limite c*. En effet, si l'on écrit la loi (18) sous la forme

$$w = c\left\{1 - \frac{\left(1 - \frac{v}{c}\right)\left(1 - \frac{w'}{c}\right)}{1 + \frac{vw'}{c^2}}\right\},$$

il devient évident que si v et w' sont inférieurs à c, alors w est inférieur à c : la composition de plusieurs vitesses n'aboutit jamais à une vitesse supérieure à c. En outre si l'on compose deux vitesses dont l'une est égale à c, la vitesse résultante est égale à c :

1. Si $w' = c$, alors $w = c$;
2. Si $v = c$, alors $w = c$.

Enfin, si les deux vitesses composantes sont égales à c, la vitesse résultante est encore égale à c :

si $w' = v = c$, alors $w = c$.

L'existence d'une vitesse limite est liée aux cas où la transformation de Lorentz est applicable : cas du mouvement rectiligne et uniforme de corps matériels repérés à l'aide de systèmes d'inertie.

Il faut se garder des intuitions newtoniennes. Supposons que l'on rencontre la situation suivante :

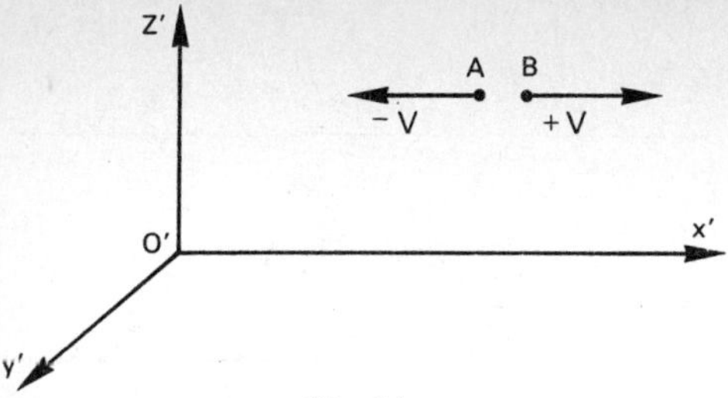

Fig. 14

sur une photographie instantanée prise au laboratoire (système S′), deux particules A et B s'écartent l'une de l'autre, avec la vitesse $\pm$ V par rapport à S′. Quelle est leur vitesse relative ?
L'observateur du laboratoire (système S′) peut être tenté de définir la vitesse relative de la particule B par rapport à la particule A comme la somme des vitesses par rapport à S′ soit $V + V = 2V$ (composition classique des vitesses : vitesse de B/A = vitesse de B/S′ + vitesse de S′/A). Mais il convient de faire usage de la cinématique relativiste. Considérons un référentiel S lié à la particule A : S a une vitesse — V par rapport à S′. Pour S (c'est-à-dire A), la particule B (qui a une vitesse + V par rapport à S′ a pour vitesse

$$w = \frac{w' + v}{1 + \frac{vw'}{c^2}} = \frac{V + V}{1 + \frac{V^2}{c^2}} - \frac{2V}{1 + \frac{V^2}{c^2}}.$$

Telle est la vitesse relative des deux particules (ou encore de B par rapport à A).

A la limite, si les deux particules A et B s'éloignent l'une de l'autre avec une vitesse $V = c$, leur vitesse relative, selon la théorie d'Einstein, est encore $w = c$ (et non $2c$!).

	Vitesse/S	*Vitesse*/S′	*Vitesse de* S/S′	*Vitesse de* S′/S
Particule A	O	$-V$	$-v = -V$	$v = V$
Particule B	$w = \dfrac{2V}{1 + \dfrac{V^2}{c^2}}$	$w' = +V$		

XI. — Dynamique relativiste ; équivalence masse-énergie

Puisque les lois de la mécanique classique newtonienne sont invariantes dans une transformation de Galilée, elles sont incompatibles avec la théorie d'Einstein. Ainsi, nous avons été conduits à formuler une loi relativiste (c'est-à-dire invariante dans une transformation de Lorentz) de composition des vitesses. Celle-ci se réduit à la loi classique d'additivité pour des vitesses faibles par rapport à celle de la lumière.

De même, il faut remplacer les lois de la dynamique classique par des lois relativistes (invariantes dans une transformation de Lorentz). Comme les lois de la dynamique newtonienne sont très bien vérifiées par l'expérience usuelle, les nouvelles lois doivent être telles qu'elles se réduisent à la forme classique aux faibles vitesses.

La loi fondamentale de la dynamique newtonienne

(1) $\mathbf{F} = m\boldsymbol{\gamma}$

peut encore se mettre sous la forme

(19) $\mathbf{F} = m_N \boldsymbol{\gamma}_N = \dfrac{d\mathbf{p}_N}{dt}$

où l'indice N se rapporte à des définitions newtoniennes. La masse « inerte » d'une particule, m_N, est une constante en mécanique classique [12] ; t est le temps absolu et p_N est ce que l'on appelle *l'impulsion* ou encore la *quantité de mouvement* du corpuscule de vitesse v. Par définition

$$(20) \quad \mathbf{p}_N = m_N \mathbf{v}.$$

De la loi newtonienne (19) découlent des lois de conservation d'une importance capitale en mécanique classique : conservation de la quantité de mouvement et conservation de l'énergie d'un système isolé.

a) Examinons tout d'abord la loi de conservation de la quantité de mouvement.

Lors du choc, à faible vitesse, de deux particules, la quantité de mouvement totale est la même avant et après le choc.

Or, cette propriété de conservation de l'impulsion définie par (20) n'est pas vérifiée dans tous les systèmes de référence lorentziens. Si l'on veut que la loi de conservation de l'impulsion soit invariante dans une transformation de Lorentz, il faut remplacer la définition (20) de la quantité de mouvement par la définition « relativiste » [13]

$$(21) \quad \boxed{p = \frac{m_0 v}{\sqrt{1 - \frac{v^2}{c^2}}}}$$

(12) Dans la mécanique newtonienne, la notion de masse a une double signification. C'est d'une part la quantité de matière connaissable par le poids du corps, d'autre part la résistance au mouvement ou masse « inerte ». Ces deux quantités sont proportionnelles et l'on peut choisir des unités telles qu'elles soient identiques.

(13) L'expression (21) résulte d'un calcul sans difficulté mais trop long pour être exposé ici.

où m_0 est une constante caractéristique de la particule. En adoptant cette nouvelle définition de la quantité de mouvement, on vérifie que celle-ci est conservée lors du choc à vitesse quelconque de deux corpuscules. Et cette loi de conservation est valable pour tout observateur lorentzien. Enfin pour des vitesses v petites par rapport à celle de la lumière $\left(\frac{v}{c} \ll 1\right)$ l'expression précédente (21) se réduit à l'expression newtonienne (20) : $p_N = m_N v$.

Si l'on écrit la quantité de mouvement relativiste sous la forme suivante (parente de l'expression classique)

$$p = m(v)\, v$$

avec

$$m(v) = \frac{m_0}{\sqrt{1 - \frac{v^2}{c^2}}} \tag{22}$$

on voit qu'une des modifications apportées par la théorie d'Einstein à la dynamique a trait à la masse. $m(v)$ est la masse relativiste d'une particule en mouvement avec la vitesse v. *La constante* m_0 est la *masse au repos* (quand $v = 0$) de la particule ou encore la *masse propre*. Ainsi, la relativité restreinte prévoit une augmentation de la masse avec la vitesse ($m \to \infty$ quand $v \to c$), ce qui a été vérifié dans de nombreuses expériences (cf. chap. III)

b) La loi de conservation de l'énergie d'un système est une conséquence directe de la loi fondamentale de la dynamique. En effet l'équation (19)

$$\mathbf{F} = \frac{d\mathbf{p}_N}{dt}, \tag{19}$$

compte tenu de la définition (20) ($\mathbf{p}_N = m_N \mathbf{v}$), conduit à

$$(23)\quad \mathbf{F}.\mathbf{v} = \mathbf{v}.\frac{d}{dt}(m_N \mathbf{v}) = \frac{d}{dt}\left(\frac{1}{2} m_N v^2\right) = \frac{dT}{dt}.$$

La variation de l'énergie cinétique $\left(T = \frac{1}{2} m_N v^2\right)$ d'un système est égale au travail des forces extérieures. Si aucune force ne s'exerce, l'énergie cinétique reste constante.

La loi de conservation relativiste de l'énergie, invariante dans une transformation de Lorentz, qui va remplacer la loi classique (23), fait intervenir une énergie E définie par

$$(24)\quad \boxed{E = \frac{m_0 c^2}{\sqrt{1 - \frac{v^2}{c^2}}} = mc^2}$$

E est l'énergie totale relativiste d'une particule de masse propre m_0 et de vitesse v. En développant en série cette expression pour des vitesses v petites par rapport à la vitesse de la lumière c, on obtient

$$(25)\quad E = mc^2 \sim m_0 c^2 + \frac{1}{2} m_0 v^2 + \dots$$
$$= m_0 c^2 + T + \dots$$

L'énergie totale E diffère de l'énergie cinétique T $\left(= \frac{1}{2} m_0 v^2\right)$ par le terme constant $m_0 c^2$. Ce terme $m_0 c^2$ représente *l'énergie interne* de la particule ou encore son *énergie propre* (ou énergie de la particule au repos) : quand $v = 0$, E se réduit à $m_0 c^2$. C'est un terme nouveau, *spécifique de la relativité* : il n'apparaît pas dans la dynamique classique. Ainsi, *la masse d'une particule est équivalente à son énergie totale*, au facteur c^2 près :

$$(26) \quad m = \frac{E}{c^2}, \qquad m_0 = \frac{E_0}{c^2}.$$

On désigne aussi cette équivalence par l'expression : inertie de l'énergie.

La mécanique newtonienne reposait sur deux principes complètement indépendants : le principe de conservation de la masse, et celui de conservation de l'énergie. En mécanique relativiste, ces deux principes n'en forment plus qu'un, puisque masse et énergie sont équivalentes.

En résumé, énergie, masse et quantité de mouvement sont, en théorie d'Einstein, liées par les relations

$$(27) \quad \frac{E^2}{c^2} - p^2 = m_0^2 c^2$$

$$(25) \quad E \sim m_0 c^2 + T.$$

CHAPITRE III

VÉRIFICATIONS EXPÉRIMENTALES DE LA RELATIVITÉ RESTREINTE

La Relativité Restreinte a de multiples conséquences qui constituent autant de vérifications de la théorie d'Einstein. Elle a servi de base à de nombreuses théories telles que la théorie quantique relativiste de l'électron, due à Dirac (1932). Ainsi, la notion de spin et la découverte de l'électron positif sont des preuves indirectes de la relativité restreinte. De même, l'explication relativiste de la structure fine observée pour les raies H_α de l'hydrogène ou D_α du deutérium constitue également une confirmation de la théorie. Enfin de très nombreux résultats obtenus en physique des hautes énergies, en physique des particules s'appuient sur la relativité restreinte. Nous n'examinerons pas, ici, toutes les preuves indirectes de la relativité restreinte. Nous nous limiterons à quelques vérifications expérimentales directes de la théorie.

I. — Interprétation relativiste d'expériences antérieures à 1905

Nous avons vu, au chapitre premier, que, jusqu'à la fin du XIXe siècle, on considérait l'éther comme une hypothèse nécessaire. Mais les expériences pour le mettre en évidence se soldaient par un échec. Ainsi, pour interpréter les phénomènes d'aberration et l'expérience de Fizeau, il fallait admettre que l'éther était partiellement entraîné par les milieux réfringents mobiles. Le coefficient d'entraînement α devait avoir, selon Fresnel, l'expression $\alpha = 1 - \frac{1}{n^2}$.

Dans ces expériences intervient un mouvement relatif de la source ou de l'observateur par rapport au milieu réfringent qui entraîne l'éther. Au contraire, le but de l'expérience de Michelson-Morley était de mettre en évidence un mouvement absolu par rapport à l'éther. Or, il a été impossible de détecter un « vent d'éther ». Et nous avons indiqué (cf. p. 26-28) la cascade d'effets *ad hoc* qu'il a fallu imaginer pour rendre compte de ce résultat négatif.

Examinons comment la théorie de la relativité restreinte rend compte de ces trois résultats expérimentaux.

A) *Aberration de la lumière.* — Nous avons calculé la tangente de l'angle d'aberration θ pour une étoile dont la direction est normale à l'écliptique. Nous avons trouvé (cf. p. 19)

$$(5) \qquad \mathrm{tg}\, \theta = \frac{v}{c}.$$

Effectuons à présent ce calcul en relativité restreinte. Il nous faut déterminer la direction de la lumière incidente par rapport à deux systèmes de référence, celui lié à l'étoile (ou au Soleil) et celui lié à la Terre. Nous allons, dans ce but, utiliser la transformation de Lorentz (11). Supposons que l'étoile E soit liée au système de référence S. Considérons alors le rayon lumineux issu de l'étoile E, et qui se propage suivant Oz. Le long de ce rayon lumineux, on a

$$x = 0, \qquad y = 0, \qquad z = -ct.$$

Le système de référence S′ sera le système lié à la Terre. Il est animé d'une vitesse $v \sim 30$ km par seconde par rapport à S, suivant l'axe commun Ox, O′ x' des deux systèmes. La propagation du rayon lumineux, rapportée à S′, obéit aux équations suivantes, obtenues à partir des équations (11) de la transformation de Lorentz (en tenant compte de ce que $x = 0$) :

$$x' = \frac{-vt}{\sqrt{1 - \frac{v^2}{c^2}}}, \qquad y' = y = 0,$$

$$z' = z = -ct, \qquad ct' = \frac{ct}{\sqrt{1 - \frac{v^2}{c^2}}}.$$

La tangente de l'angle d'aberration est alors donnée par

$$\operatorname{tg} \theta = \frac{x'}{z'} = \frac{\frac{v}{c}}{\sqrt{1 - \frac{v^2}{c^2}}}.$$

Comme $\frac{v}{c} \sim 10^{-4}$ pour la Terre, ce résultat est équivalent à la valeur non relativiste et tout à fait conforme à l'expérience.

B) *Expérience de Fizeau.* — Appliquons à cette expérience la loi relativiste de composition des vitesses établie (p. 59) dans le cas de vitesses parallèles :

$$(18) \qquad w = \frac{w' + v}{1 + \frac{vw'}{c^2}}.$$

v est la vitesse du système de référence S' par rapport au système S.

Dans l'expérience de Fizeau, soit S le système du laboratoire, auquel est lié l'observateur. Alors v désignera la vitesse du courant d'eau (système S') et $w' = \frac{c}{n}$ la vitesse de la lumière dans l'eau d'indice de réfraction n. Pour l'observateur S, la vitesse de la lumière dans le courant d'eau, obtenue à l'aide de la relation précédente (18) sera

$$w = \frac{\frac{c}{n} + v}{1 + \frac{vc}{nc^2}} \sim \left(\frac{c}{n} + v\right)\left(1 - \frac{v}{nc}\right)$$

$$\sim \frac{c}{n} + v\left(1 - \frac{1}{n^2}\right),$$

car la vitesse v est très petite par rapport à c. Or, c'est exactement la relation expérimentale (7) trouvée par Fizeau qui mesurait la vitesse de la lumière dans un courant d'eau (cf. p. 22). Ainsi, cinquante ans avant la théorie d'Einstein, l'expérience de Fizeau en constituait une preuve ! L'éther et son entraînement partiel, au coefficient *ad hoc*, sont devenus inutiles !

C) *Expérience de Michelson-Morley*. — Une des hypothèses qui avait été introduite pour interpréter l'échec de cette expérience impliquait l'emploi de coordonnées locales fictives. Le passage d'un système d'inertie à un autre devait s'effectuer à l'aide des relations de la transformation de Lorentz. Ces relations assuraient l'invariance des équations de Maxwell. Mais comme on tenait encore au caractère absolu du temps, les coordonnées figurant dans la transformation de Lorentz n'étaient pas les « vraies » coordonnées, celles qui ont un « sens physique ».

Pour Einstein, au contraire, les équations de la transformation de Lorentz ne sont pas d'abstraites relations mathématiques mais traduisent le lien physique entre espace et temps. Nous avons vu qu'il en résulte l'effet de contraction des longueurs en mouvement, de dilatation des durées, et aussi celui d'augmentation de la masse avec la vitesse. Or, ces effets avaient été invoqués dans la recherche vaine de l'éther : le premier, ou hypothèse de Fitzgerald-Lorentz, était nécessaire pour interpréter l'échec de l'expérience de Michelson ; il fallait faire appel aux deux autres effets pour expliquer le caractère insaisissable du premier.

Bilan de l'expérience de Michelson-Morley :

a) Il est négatif pour les auteurs puisqu'ils n'ont pas décelé de « vent d'éther « ;

b) Il est positif pour la théorie de la relativité puisque l'expérience montre que la vitesse de la lumière dans le vide est constante quels que soient la direction de propagation et le système de référence : on obtient le même résultat à six mois d'intervalle, alors que la vitesse de la Terre par rapport au Soleil a changé de direction.

II. — Le ralentissement des horloges mobiles

La durée $\Delta\tau$ d'un événement, mesurée dans le système propre (système lié à l'événement), est toujours plus petite que celle Δt déterminée par un observateur en mouvement :

$$(12) \quad \Delta t = \frac{\Delta\tau}{\sqrt{1-\frac{v^2}{c^2}}}.$$

Les horloges mobiles retardent par rapport aux horloges fixes (cf. p. 46).

Nous examinerons deux types d'expériences qui vérifient ce phénomène du ralentissement des horloges mobiles.

A) *Effet Doppler relativiste ; expériences d'Ives et Stilwell (1941).* — Un atome d'un élément particulier (le *caesium* Cs par exemple), émettant une raie spectrale déterminée constitue une horloge : les tops de cette horloge sont les maxima successifs des ondes du rayonnement émis. Entre deux tops, l'intervalle de temps propre est $\Delta\tau$. Il devient Δt pour un observateur en mouvement relatif. Soit ν_0 la fréquence propre (nombre de tops par seconde, mesuré dans un système lié à l'atome vibrant) de la raie spectrale. Pour un autre système de référence, la fréquence devient

$$(28) \qquad \nu = \nu_0 \sqrt{1 - \frac{v^2}{c^2}}$$

car la fréquence varie comme l'inverse du temps. Les fréquences sont habituellement exprimées en cycles par seconde (ou en multiples de cette unité). On a ainsi défini l'unité de temps atomique de la manière suivante : 1 seconde atomique $s_A = 9\,192\,631\,770$ cycles de ^{133}Cs. D'après l'effet relativiste (28), la fréquence du rayonnement qu'émet un atome en mouvement par rapport au spectrographe diminue. Par conséquent sa longueur d'onde

$$(29) \qquad \lambda = \frac{c}{\nu}$$

augmente, et le spectre observé présente un décalage vers le rouge.

A cet effet de ralentissement relativiste (28) vient se superposer l'effet Doppler classique : soit une source M se déplaçant avec la vitesse **v** par rapport à l'observateur O. Soit α l'angle de **v** avec MO. Si la source M émet un rayonnement de fré-

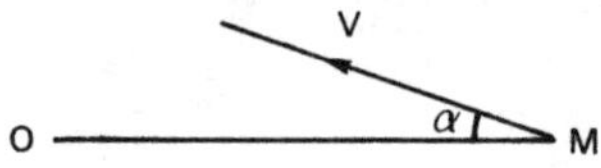

Fig. 15

quence propre ν_0, d'après la théorie classique de l'effet Doppler, la fréquence ν observée par O sera

$$(30) \qquad \nu = \frac{\nu_0}{1 - \frac{v}{c}\cos\alpha}.$$

La superposition des deux effets :

{ effet Doppler classique (30) ;
{ effet de ralentissement relativiste (28),

se traduit globalement par

$$(31) \qquad \nu = \nu_0 \frac{\sqrt{1 - \frac{v^2}{c^2}}}{1 - \frac{v}{c}\cos\alpha}.$$

Telle est la relation obtenue pour la transformation de la fréquence d'une onde lumineuse lors du passage d'un système lorentzien à un autre.

Dans les expériences d'Ives et Stilwell, ce sont des atomes d'hydrogène qui sont assimilables à des horloges mobiles. Ces « horloges atomiques », en mouvement par rapport à l'observateur, émettent un rayonnement : le mouvement à grande vitesse de ces sources entraîne un *effet Doppler relativiste* dont l'examen va confirmer la théorie d'Einstein.

D'après (31), l'effet relativiste en $\frac{v^2}{c^2}$ $\left(\text{terme petit, du } 2^e \text{ ordre, car } \frac{v}{c} \ll 1\right)$ est en général masqué par l'effet Doppler classique $\left(\text{terme du } 1^{er} \text{ ordre, en } \frac{v}{c}, \text{ au dénominateur}\right)$. Dans le cas dit transversal ($\alpha = 90°$), l'effet relativiste subsiste seul. On pourrait alors tenter de le mettre en évidence. Mais la moindre erreur sur α fait réapparaître le terme classique du 1er ordre, prépondérant. Pour pouvoir détecter l'effet relativiste du 2e ordre, Ives et Stilwell ont étudié la longueur d'onde de la raie H_β [1] dans deux directions opposées, l'une suivant le mouvement des atomes, λ_1, l'autre en sens contraire λ_2. Ces deux raies ainsi que la raie non décalée étaient, à

(1) La raie H_β était émise par de l'hydrogène, dans des tubes à rayons canaux.

l'aide d'un miroir, photographiées sur la même plaque. Selon l'effet Doppler relativiste (31), les deux raies décalées devaient avoir pour fréquences

$$\nu_1 = \frac{\nu_0 \sqrt{1 - \frac{v^2}{c^2}}}{1 - \frac{v}{c} \cos \alpha_1} \quad \text{et} \quad \nu_2 = \frac{\nu_0 \sqrt{1 - \frac{v^2}{c^2}}}{1 + \frac{v}{c} \cos \alpha_1}.$$

En passant aux longueurs d'onde, compte tenu de (29), on obtient, pour la moyenne des deux raies

$$\bar{\lambda} = \frac{\lambda_1 + \lambda_2}{2} = \frac{\lambda_0}{\sqrt{1 - \frac{v^2}{c^2}}}.$$

Ives et Stilwell déterminaient, en fait, l'écart entre le centre de gravité des deux raies décalées, $\bar{\lambda}$, et la raie non décalée λ_0 :

$$\bar{\lambda} - \lambda_0 \sim \frac{1}{2} \lambda_0 \frac{v^2}{c^2}.$$

Il fallait réaliser des mesures à 1 micron près ([2]) car le décalage théorique $\bar{\lambda} - \lambda_0$ était de l'ordre de 0,1073 Å.

En effet, la longueur d'onde propre de la raie H_β vaut $\lambda_0 = 4\,861$ Å. En utilisant des potentiels accélérateurs de 42 280 V, Ives et Stilwell obtenaient des vitesses v de l'ordre de $0{,}0066c$.

Les résultats expérimentaux d'Ives et Stilwell sont en excellent accord avec la prévision théorique de 0,1073 Å.

Ives et Stilwell ont fait toute une série de mesures pour diverses vitesses. Le résultat de ces très belles expériences vérifie remarquablement la relation théorique $\bar{\lambda} - \lambda_0 \sim \frac{1}{2} \lambda_0 \frac{v^2}{c^2}$, c'est-à-dire le ralentissement des horloges mobiles prévu par la relativité restreinte.

B) *Durée de vie moyenne des mésons.* — Le méson μ^+ a été découvert dans le rayonnement cosmique en 1935. C'est une particule instable qui se désintègre en un électron et un neutrino (particule neutre de masse nulle) après une durée

([2]) Les auteurs utilisaient un spectographe à réseau. Avec leur dispositif, à un décalage de 0,05 Å correspondait un déplacement de 0,005 mm = 5 μ.

de vie moyenne τ. Celle-ci a été mesurée dans le système propre du méson. Pour cela, les mésons μ sont arrêtés dans une masse métallique. La détermination de leur vie moyenne est obtenue à partir de clichés réalisés à la chambre de Wilson ou à l'aide de compteurs. On obtient ainsi, pour la durée de vie moyenne propre du méson μ^+,

$$\tau = 2{,}2 \times 10^{-6}\ \text{s (ou } 2{,}2\ \mu\text{s).}$$

Dans la haute atmosphère, les mésons se déplacent à une vitesse voisine de celle de la lumière. Leur libre parcours moyen devrait donc être approximativement égal à 660 m ($L = c\tau$) d'après la valeur précédente de τ. Or, les libres parcours moyens mesurés dans la haute atmosphère sont de plusieurs kilomètres, ce qui correspond à une vie moyenne beaucoup plus élevée, comme le prévoit le ralentissement des horloges

$$t = \frac{\tau}{\sqrt{1-\frac{v^2}{c^2}}} > \tau.$$

Pour vérifier quantitativement cet effet, on a procédé de la manière suivante. On peut donner au libre parcours moyen L l'expression

$$L \sim ct = \frac{c\tau}{\sqrt{1-\frac{v^2}{c^2}}} = \frac{E\tau}{m_0\, c}$$

compte tenu de

$$(24) \quad E = \frac{m_0\, c^2}{\sqrt{1-\frac{v^2}{c^2}}}.$$

E est l'énergie totale du méson, m_0 sa masse propre connue par ailleurs ($m_0 = 207$ masses de l'électron). D'où

$$\frac{L}{E} = \frac{\tau}{m_0\, c} = \text{constante.}$$

C'est cette relation qu'ont vérifiée Rossi et Hall (1941) : ils mesuraient L pour des valeurs déterminées d'énergie obtenues en isolant dans le spectre des mésons cosmiques des bandes étroites d'énergie. Ainsi connaissant τ, L (donc ct), E et m_0, ils pouvaient voir si la relation de ralentissement des horloges était expérimentalement vérifiée. Résultat : l'accord entre la théorie et l'expérience est excellent, et cela jusqu'à $\frac{v}{c} = 0{,}99$.

La création des grands accélérateurs a permis de développer l'étude des particules instables. Ainsi, on a trouvé que la durée de vie moyenne du méson π^+ (pion positif) évaluée dans son système propre est de :

$$\tau = 2{,}5 \times 10^{-8}\ \text{s} \quad \left(10^{-8}\ \text{s} = \frac{1\ \text{s}}{100\ 000\ 000}\right).$$

On a pu produire en laboratoire, dans un synchroton, des faisceaux de mésons π^+ dont la vitesse était égale à 0,99995 fois celle de la lumière. Et, là encore, l'effet de ralentissement des horloges est parfaitement vérifié, la durée de vie moyenne des pions étant alors de

$$t = \frac{2{,}5 \times 10^{-8}}{\sqrt{1 - (0{,}99995)^2}} \simeq 2{,}5 \times 10^{-6}\ \text{s}.$$

Le domaine de la physique des hautes énergies apporte constamment des vérifications de cet effet relativiste.

D'après ces deux types d'expériences (A : mesures d'Ives et Stilwell ; B : durée de vie moyenne des mésons), l'effet de ralentissement des horloges a été vérifié pour des vitesses allant de 0,0066c à 0,99995c.

III. — Variation de la masse avec la vitesse

La dynamique relativiste a conduit à modifier la notion newtonienne de masse. La masse relativiste d'une particule croît avec la vitesse de celle-ci selon la relation

$$(22) \quad m(v) = \frac{m_0}{\sqrt{1 - \frac{v^2}{c^2}}}.$$

m_0 est la masse propre ou masse au repos de la particule. Ce nouvel effet relativiste permet alors d'énoncer une loi de conservation de la quantité de mouvement, celle-ci étant définie par

$$(21) \quad p = mv = \frac{m_0\, v}{\sqrt{1 - \frac{v^2}{c^2}}},$$

et une loi de conservation de l'énergie

$$(24) \quad \mathrm{E} = mc^2 = \frac{m_0\, c^2}{\sqrt{1 - \frac{v^2}{c^2}}}.$$

Energie et quantité de mouvement sont liées par l'équation

$$(27) \quad \frac{\mathrm{E}^2}{c^2} - p^2 = m_0^2\, c^2.$$

Enfin énergie totale E et énergie cinétique $\mathrm{T} = \frac{1}{2} m_0\, v^2$ diffèrent par un terme d'énergie interne $m_0\, c^2$ (cf. p. 65)

$$(25) \quad \mathrm{E} \sim m_0\, c^2 + \mathrm{T}.$$

De très nombreuses expériences ont vérifié ces diverses lois et, par conséquent, la variation de la masse avec la vitesse. Nous nous limiterons à deux exemples.

A) *Effet Compton.* — Il a été découvert par A. Compton en 1923 dans l'étude de la diffusion de rayons X monochromatiques par des atomes de corps simples (cible de graphite par exemple). Le rayonnement diffusé comporte deux raies : l'une, primaire, de même longueur d'onde λ que la radiation excitatrice, l'autre de longueur d'onde plus élevée $\lambda + \Delta\lambda$. L'écart $\Delta\lambda$ augmente avec l'angle φ

que font la direction des rayons incidents et la direction d'observation, selon la relation

$$\Delta\lambda = 0{,}0486 \sin^2 \frac{\varphi}{2} \quad (\Delta\lambda \text{ étant exprimé en angströms}).$$

On peut rendre compte de cette expérience en assimilant la diffusion des rayons X (ou des rayons γ) par un atome à un choc élastique entre deux particules : un photon du rayonnement X ou γ incident d'une part et un des électrons de l'atome d'autre part.

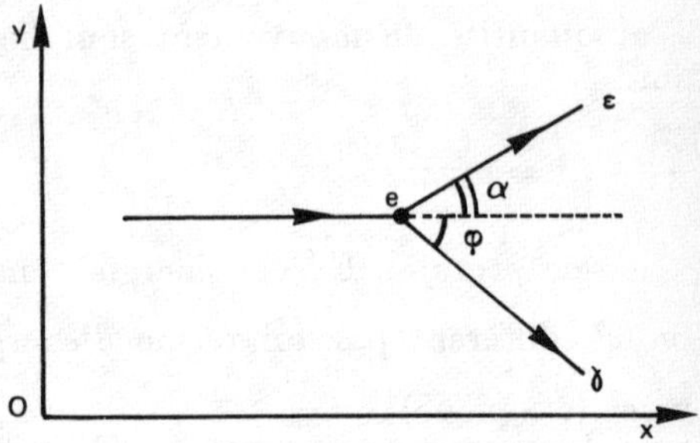

Fig. 16. — Effet Compton

Le rayonnement incident est dirigé suivant une parallèle à Ox. L'électron e, initialement immobile, a une vitesse v dirigée suivant $e\varepsilon$ après le choc. φ est l'angle de diffusion du photon.

On ne peut utiliser les expressions relativistes où figurent des termes en $1/\sqrt{1-\beta^2}$ pour le photon, car dans ce cas $\beta = \frac{v}{c} = 1$. Pour le photon — quantum de lumière — il ne peut y avoir de système de référence par rapport auquel il soit au repos. Mais la relation

$$(27) \quad \frac{E^2}{c^2} - p^2 = m_0^2 c^2$$

demeure valable et se réduit, dans le cas du photon dont la masse propre m_0 est supposée nulle, à

$$p = \frac{E}{c} = \frac{h\nu}{c}.$$

La définition relativiste de l'énergie E a été remplacée par la relation quantique entre fréquence et énergie : h est la constante de Planck, ν la fréquence du photon. Utilisons les notations suivantes :

	Avant collision	*Après collision*
Photon	$E = h\nu, \quad p = \frac{h\nu}{c}$	$\bar{E} = h\bar{\nu}, \quad \bar{p} = \frac{h\bar{\nu}}{c}$
Electron	$E_e = m_0 c^2, \quad p_e = 0$	$\bar{E}_e = \frac{m_0 c^2}{\sqrt{1-\beta_e^2}}, \quad \bar{p}_e = \frac{m_0 v}{\sqrt{1-\beta_e^2}}$

La condition de conservation de l'énergie après le choc photon-électron s'écrit

$$h\nu + m_0 c^2 = h\bar{\nu} + \frac{m_0 c^2}{\sqrt{1 - \beta_e^2}}.$$

m_0 désigne ici la masse propre de l'électron. La conservation de la quantité de mouvement se traduit par

$$\frac{h\nu}{c} = \frac{h\bar{\nu}}{c} + \frac{m_0 v}{\sqrt{1 - \beta_e^2}}.$$

En projetant p, $\bar{p}$ et v sur les axes Ox, Oy et en combinant les équations résultantes de manière à éliminer $(\sin^2 \alpha + \cos^2 \alpha = 1)$, on obtient aisément la relation

$$h\nu\bar{\nu}(1 - \cos \varphi) \equiv 2h\nu\bar{\nu} \sin^2 \frac{\varphi}{2} = m_0 c^2(\nu - \bar{\nu}).$$

En passant aux longueurs d'ondes $\lambda = \frac{c}{\nu}$ et $\bar{\lambda} = \frac{c}{\bar{\nu}}$, on aboutit finalement à

$$\bar{\lambda} - \lambda = \frac{2h}{m_0 c} \sin^2 \frac{\varphi}{2} = \Delta\lambda.$$

Application numérique :

$h = 6{,}6256 \times 10^{-27}$ erg.s

m_0 (électron) $= 9{,}1091 \times 10^{-28}$ g ;

$c = 2{,}997925 \times 10^{10}$ cm/s

1 Å $= 10^{-8}$ cm.

En remplaçant les constantes h, m_0, c par leurs valeurs, on obtient

$$\Delta\lambda \text{ (en angströms)} = 0{,}0485 \sin^2 \frac{\varphi}{2}$$

relation remarquablement vérifiée par l'expérience.

B) *Choc relativiste de deux particules.* — C'est dans le choc de deux particules à très grande

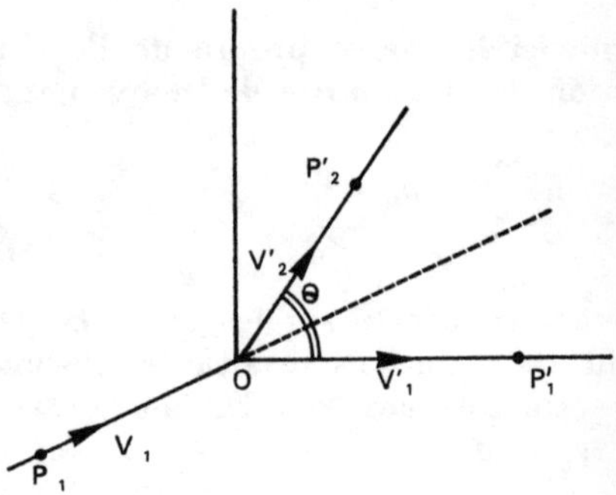

Fig. 17

vitesse que la variation relativiste de la masse se manifeste de façon spectaculaire.

Supposons qu'il s'agisse de deux particules ayant *même masse au repos* m_0 et que l'une des particules soit immobile en O avant le choc. L'autre particule P_1 est animée d'une vitesse v_1, et d'une masse relativiste $m_1 = \dfrac{m_0}{\sqrt{1 - v_1^2/c^2}}$. Après le choc, les vitesses des particules sont respectivement v_1' et v_2' ; leurs masses m_1' et m_2'. Lcurs trajectoires OP_1' et OP_2' font entre elles un angle de fourche θ. En écrivant les lois de conservation de l'énergie et de la quantité de mouvement, on trouve que l'angle de fourche θ est tel que

$$\cos \theta = \sqrt{\frac{(m_2' - m_0)(m_1' - m_0)}{(m_2' + m_0)(m_1' + m_0)}}.$$

En mécanique classique newtonienne, il n'y a pas de variation de masse avec la vitesse : $m_1 = m_1' = m_2' = m_0$. D'après la relation précédente, $\cos \theta = 0$ et $\theta = \frac{\pi}{2}$. Après le choc, les trajectoires des particules font entre elles un *angle droit.*

En mécanique relativiste, $m_2' > m_0$ et $m_1' > m_0$. Donc cos θ est positif (et < 1) : θ est plus petit que 90°. A cause de la variation de la masse avec la vitesse, après le choc, les trajectoires des particules font entre elles un *angle aigu.*

Ces prévisions sont en excellent accord avec l'expérience. Ainsi dans le cas de la collision entre un proton de vitesse initiale $v = 0{,}1c$ et un second proton immobile, l'angle des trajectoires, après le choc, est sensiblement 90° conformément aux pré-

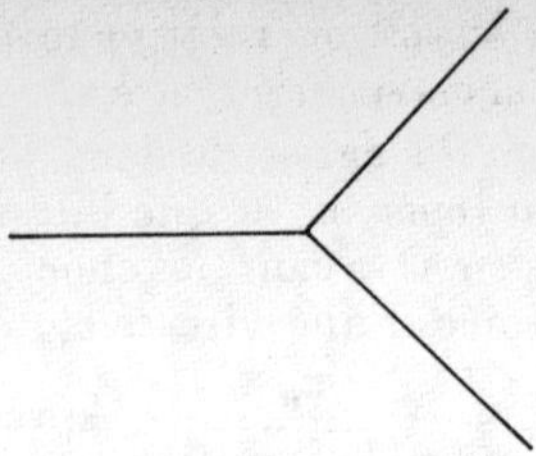

Fig. 18. — Collision proton-proton
(β = 0,1)

dictions de la mécanique newtonienne (limite de la mécanique relativiste).

Mais, quand la vitesse de la particule incidente est très grande, l'angle de fourche est aigu. Ainsi la figure 19 représente le choc entre un électron incident très rapide ($\beta = 0{,}968$) et un électron au

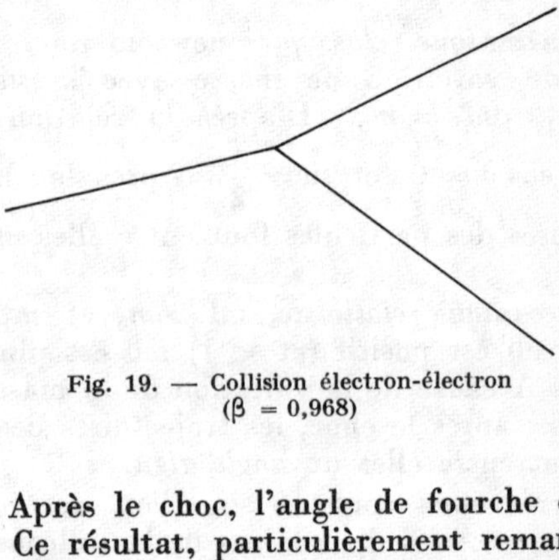

Fig. 19. — Collision électron-électron
(β = 0,968)

repos. Après le choc, l'angle de fourche est égal à 60°. Ce résultat, particulièrement remarquable, a été obtenu par F. Joliot à la chambre de Wilson.

La variation de la masse avec la vitesse a, de cette manière (angle de fourche aigu), été vérifiée dans de très nombreuses expériences où l'on faisait varier systématiquement la vitesse de la particule incidente.

IV. — Equivalence masse-énergie

L'équivalence de la masse et de l'énergie est un des apports les plus essentiels de la théorie de la relativité. Dès son mémoire de 1905, Einstein écrivait :

« La masse d'un corps est la mesure de son contenu en énergie ; si celle-ci subit un changement équivalent à L, la masse change dans le même sens de $L/9 \times 10^{20}$, l'énergie étant mesurée en ergs et la masse en grammes » (A. Einstein, Sur l'électrodynamique des corps en mouvement, *Annalen der Physik*, t. XVII, 1905).

Un système dont l'énergie totale est E a une masse inerte $m = \frac{E}{c^2}$.

On pourrait s'adresser au domaine des hautes énergies pour mettre en évidence l'équivalence masse-énergie. Mais on se heurte à la difficulté suivante : les objets étudiés dans ce domaine sont des particules extrêmement instables, à durée de vie très courte. On ne peut donc déterminer leur masse avec les méthodes habituelles, et par conséquent vérifier éventuellement, avec ces particules, l'équivalence masse-énergie. On procède en sens inverse. On admet les lois de conservation de la relativité (énergie, quantité de mouvement) ainsi que l'équivalence masse-énergie, et on en déduit la masse inconnue de particules qui interviennent dans des collisions avec des particules de masse connue.

C'est le domaine de la *physique nucléaire* qui fournit les meilleures vérifications de l'équivalence masse-énergie. On a pu, en effet, déterminer directement, et avec une très grande précision, les masses des noyaux atomiques à l'aide de spectromètres de masse. Les énergies de liaison, les énergies libérées dans les réactions nucléaires ont également pu être mesurées. C'est pourqoi le domaine nucléaire est un domaine de choix pour la vérification de l'équivalence masse-énergie.

A) *Défaut de masse.* — L'expérience a montré que la masse d'un noyau atomique M_0 est inférieure à la somme des masses des nucléons qui le constituent : $\sum_i (m_i)_0$. Ce défaut de masse Δm correspond, s'il y a équivalence masse-énergie, à l'énergie de liaison ΔE entre les nucléons. C'est l'énergie qu'il faut fournir au noyau pour le scinder en ses constituants :

$$\Delta m = \sum_i (m_i)_0 - M_0 = \frac{\Delta E}{c^2} > 0.$$

Cette relation nécessite, pour sa vérification, la connaissance des masses et des énergies de liaison. Une telle vérification a pu être réalisée dans le cas d'énergies de liaison élevées entre nucléons, c'est-à-dire de noyaux stables. Tel est le cas du deutéron ${}^1_2D$, noyau de l'hydrogène lourd. Le deutéron (d) est formé d'un proton (p) et d'un neutron (n). Or

$$(m_p)_0 = 1{,}6725 \times 10^{-24}\ \text{g}\ ;$$
$$(m_n)_0 = 1{,}6747 \times 10^{-24}\ \text{g}\ ;$$
$$(M_d)_0 = 3{,}3433 \times 10^{-24}\ \text{g}.$$

Donc $\Delta m = 3,9 \times 10^{-27}$ g. D'autre part, la mesure de l'énergie de liaison du deutéron donne

$$\Delta E = 2,226 \text{ MeV} = 3,566 \times 10^{-6} \text{ ergs}$$

(1 MeV = 1 million d'électron-volts eV ;

$$1 \text{ eV} = 1,602 \times 10^{-12} \text{ ergs}).$$

On vérifie que

$$\frac{\Delta E}{c^2} = \frac{3,566 \times 10^{-6}}{9 \times 10^{20}} = 3,96 \times 10^{-27} \text{ g}$$

c'est-à-dire que

$$\frac{\Delta E}{c^2} = \Delta m.$$

Dans de nombreux autres cas, on a pu vérifier que le défaut de masse était équivalent à l'énergie de liaison.

B) *Bilan des réactions nucléaires.* — Le bilan énergétique d'une réaction nucléaire permet aussi de vérifier l'équivalence masse-énergie. Actuellement, de tels bilans sont connus pour des centaines de réactions nucléaires : ils vérifient, avec une excellente précision, la loi d'Einstein $\Delta m \times c^2 = \Delta E$. Dans ces réactions, on bombarde des noyaux atomiques pratiquement au repos à l'aide de particules incidentes très rapides, d'énergie connue. Le système se désintègre laissant un noyau résiduel, tandis qu'une particule est éjectée emportant une certaine quantité d'énergie qui peut être mesurée. Pour que la loi d'Einstein soit vérifiée, il faut que la perte de masse au cours de la réaction nucléaire soit équivalente à l'énergie dégagée dans la réaction.

Etudions l'exemple suivant : le lithium Li^7 bombardé par des protons rapides H^1 se désintègre en produisant deux particules α (soit He^4) :

$$Li^7 + H^1 \rightarrow He^4 + He^4.$$

Chacune des masses (du Li^7, de H^1, de He^4) est connue par la spectrographie de masse, et l'on obtient

$$\Delta m = 7{,}0166 + 1{,}0076 - (2 \times 4{,}0028)$$
$$= 0{,}0186 \text{ unités de masse } (^3).$$

L'énergie équivalente à cette perte de masse, $\Delta m \times c^2$, exprimée en électron-volts est de

$$\Delta m \times c^2 = 17{,}325 \pm 0{,}015 \text{ MeV}$$

car 1 unité de masse atomique équivaut à 931,478 MeV.

D'autre part, l'énergie libérée par la réaction est égale à la différence entre l'énergie cinétique des particules α produites par la réaction et l'énergie cinétique du proton incident. La détermination expérimentale de ces énergies se traduit par

$$\Delta E = 17{,}28 \pm 0{,}03 \text{ MeV}.$$

On vérifie donc, de manière très satisfaisante, que

$$\Delta m \times c^2 = \Delta E.$$

L'équivalence masse-énergie est remarquablement vérifiée par l'expérience.

Le tableau suivant donne d'autres exemples de bilans masse-énergie pour diverses réactions nucléaires.

(3) L'unité de masse choisie ici est O^{16} = 16,000. En 1961, un changement d'échelle est intervenu en posant C^{12} = 12,000.

Réaction nucléaire	Perte de masse Δm (en unités u)	$\Delta m \times c^2$ (en MeV)	Energie libérée ΔE (en MeV)
$Be^9 + H^1 \rightarrow Li^6 + He^4$	0,00242	2,25	2,28
$Li^7 + H^1 \rightarrow Be^8 + \gamma$	0,01838	17,12	17,1
$Li^6 + H^2 \rightarrow He^4 + He^4$	0,02381	22,18	22,20
$B^{10} + H^2 \rightarrow Be^8 + He^4$	0,01922	17,90	17,76
$B^{10} + H^2 \rightarrow C^{11} + n^1$	0,00685	6,38	6,08
$N^{14} + H^2 \rightarrow C^{12} + He^4$	0,01436	13,37	13,40
$N^{14} + H^2 \rightarrow N^{15} + H^1$	0,00920	8,57	8,55
$O^{16} + H^2 \rightarrow N^{14} + He^4$	0,00334	3,11	3,13
$N^{14} + He^4 \rightarrow O^{17} + H^1$	— 0,00124	— 1,15	— 1,16
$F^{19} + He^4 \rightarrow Ne^{22} + H^1$	0,00164	1,53	1,58
$Na^{23} + He^4 \rightarrow Mg^{26} + H^1$	0,00204	1,9	1,9
$Si^{28} + He^4 \rightarrow P^{31} + H^1$	— 0,00242	— 2,25	— 2,23

V. — Vitesse limite. Effet Cerenkov

En cinématique relativiste (cf. p. 60), nous avons vu que la *vitesse de la lumière dans le vide* c était une *vitesse limite* : aucune particule, aucune forme d'énergie, aucun signal ne peuvent avoir de vitesse supérieure à c. Mais il s'agit de vitesse *dans le vide*. La situation est différente *dans un milieu matériel* où la vitesse de la lumière devient $v = \frac{c}{n} < c$ (n est l'indice de réfraction du milieu). Dans un milieu réfringent, la vitesse de particules matérielles peut dépasser $\frac{c}{n}$. Pour cela, il suffit d'accélérer des électrons jusqu'à leur faire atteindre des vitesses élevées. Ainsi, la vitesse de la lumière dans l'eau est $v = \frac{c}{4/3} = 225\,000$ km/s.

Il suffit d'accélérer des électrons avec une différence de potentiel de 0,2 MeV pour leur faire dépasser cette vitesse. Récemment, des électrons soumis à des tensions de 700 MeV ont pu atteindre des vitesses de 0,999999 c. Or, l'indice de réfraction de l'air est 1,00029. De sorte que la vitesse de la lumière dans l'air $\left(v' = \frac{c}{n}\right)$ est telle que $\beta' = \frac{v'}{c} = \frac{1}{n} = 0{,}99971$.

Il est donc possible que des électrons se propagent, dans un milieu matériel, avec une vitesse supérieure à celle de la lumière dans ce même milieu matériel. De tels électrons, en mouvement rapide (0,999999 c), émettent un rayonnement de vitesse $v' = 0{,}99971\,c$. Les ondes lumineuses émises ont pour enveloppe, autour de la trajectoire de l'électron, un cône de demi-angle au sommet φ tel que

$$\sin \varphi = \frac{\beta'}{\beta} \simeq \frac{1}{n} \quad \text{(lorsque } \beta \text{ est très voisin de 1)}$$

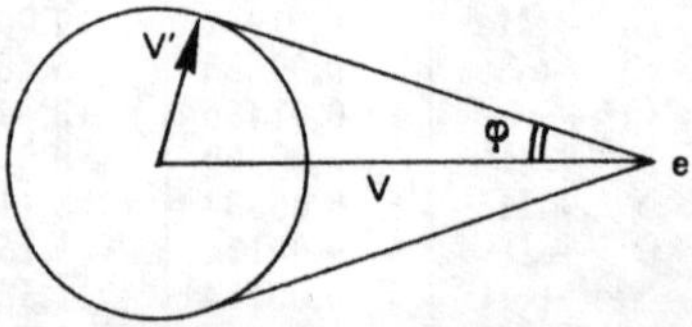

Fig. 20. — Effet Cerenkov

C'est l'effet Cerenkov : il est dû au rayonnement d'une particule chargée *e* dont la vitesse est supérieure à la vitesse de la lumière dans le milieu qu'elle traverse. L'onde de polarisation du milieu se propage moins vite que la source *e*. Ses effets sont localisés à l'intérieur du cône de sommet *e*. On a comparé cette onde au sillage d'un bateau sur l'eau calme. L'effet Cerenkov est l'équivalent optique de l'onde de choc acoustique qui se forme quand un projectile a une vitesse supérieure à la vitesse du son dans l'air. L'effet Cerenkov avait été prédit dès 1904 par Sommerfeld. Observé pour la première fois par Mallet en 1926, il a été redécouvert et approfondi par Cerenkov en 1934.

VI. — Vitesses « super-luminales » de radiosources

Ce « résultat » est apparu dans l'étude de certaines radiosources compactes, en particulier de certains quasars. A l'aide d'informations obtenues à partir de mesures interférométriques à très longue ligne de base (VLBI = Very Long Baseline Interferometry), on a mis en évidence des changements de structure très rapides de certains quasars. Le noyau de ces objets éjecterait de la matière (probablement des électrons) à très grande vitesse dans deux directions opposées : quand ce faisceau matériel (d'électrons ?) rencontre le gaz ambiant, il produit une intense émission. La radiosource ainsi observée comporte un noyau central et deux composantes qui s'écartent l'une de l'autre. On a trouvé que la ***vitesse apparente de séparation*** des deux composantes était « super-luminale », c'est-à-dire supérieure à la vitesse de la lumière dans le vide. Elle est même toujours supérieure à $2c$; on a trouvé des cas où elle atteignait $10c$! Dix fois la vitesse de la lumière dans le vide ! La théorie de la relativité serait-elle en défaut ? En réalité, il n'en est rien. Considérons le noyau N de la radiosource et les deux composantes S_1 et S_2. En général, la vitesse d'expansion des deux composantes S_1 et S_2 n'est pas perpendiculaire à la ligne d'observation mais fait un angle θ avec celle-ci :

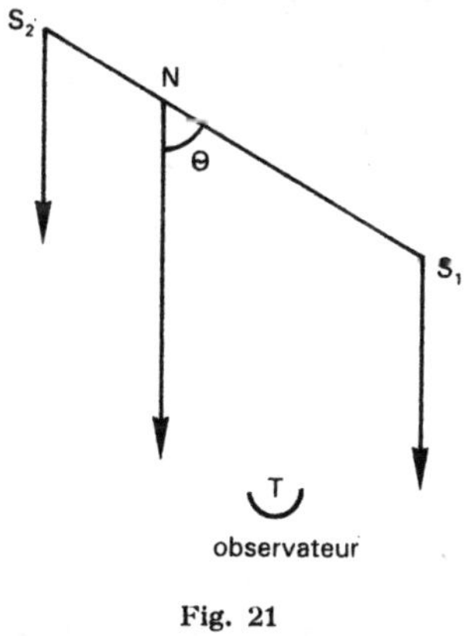

Fig. 21

En admettant que les composantes S_1 et S_2 s'écartent de N à la vitesse de la lumière *c*, on trouve que, *pour l'observateur*, la vitesse apparente transverse de séparation de S_1 et S_2 est $v_S = 2c/\sin\theta$. D'où des valeurs de v_S toujours supérieures à $2c$ puisque $\sin\theta$ est < 1. Dans le cas particulier où $\theta = \frac{\pi}{2}$, la vitesse apparente de séparation est $2c$. Or, un tel résultat n'est pas en contradiction avec la théorie de la relativité restreinte. Nous avons examiné ce dernier cas $\left(\theta = \frac{\pi}{2}\right)$ en détail (cf. p. 61) et montré que la *vitesse relative* d'une composante par rapport à l'autre était encore égale à *c*.

DEUXIÈME PARTIE

LA RELATIVITÉ GÉNÉRALE

La Relativité Restreinte, développée dans les chapitres précédents, postule l'équivalence de tous les systèmes d'inertie. Une telle hypothèse constituait également la base de la mécanique classique. Mais, à la différence de celle-ci, la relativité restreinte suppose aussi la constance de la vitesse de la lumière dans le vide. Et c'est ce dernier postulat qui a produit le schisme. En effet, c'est l'ensemble de ces deux postulats d'Einstein qui entraîne la relativité de la simultanéité, la transformation de Lorentz et ses conséquences sur le comportement des règles et des horloges mobiles.

A ce stade, la mécanique classique apparaît comme une première approximation de la mécanique relativiste : elle peut être obtenue à partir de celle-ci dans le cas limite de vitesses faibles. Mais la mécanique de Galilée et de Newton cesse d'être valable aux grandes vitesses. Il faut alors utiliser l'extension de cette mécanique que constitue la relativité restreinte.

Or, par ses principes mêmes, la relativité restreinte implique aussi des limites. Elle devra, à son tour, être étendue et englobée dans une théorie plus générale.

CHAPITRE IV

PRINCIPE DE RELATIVITÉ GÉNÉRALISÉE

I. — Limites de la Relativité Restreinte

La relativité restreinte admet l'équivalence des observateurs pour la formulation des lois physiques, mais elle la limite au cas des observateurs « libres ». L'expérience a montré qu'il était impossible de mettre en évidence un mouvement rectiligne et uniforme par une expérience interne. Ainsi, Michelson et Morley n'ont pas réussi à déceler le mouvement absolu rectiligne et uniforme (pendant un temps court) de la Terre. Ce qui a eu pour conséquence le rejet de la notion d'éther et d'espace absolu.

Or, il semble, en première analyse, que les *mouvements accélérés* soient en contradiction avec cette conséquence.

D'une manière élémentaire, il est bien connu qu'un voyageur assis dans un train, ne peut s'apercevoir du mouvement de celui-ci, tant que sa vitesse reste constante. Mais lors d'un brusque coup de frein, le voyageur éprouve un choc qui le rend tout à fait conscient de cette accélération (ou plutôt décélération !).

D'une manière plus objective, on peut prouver cette possibilité de mettre en évidence un mouvement accéléré par une expérience interne (c'est-à-dire sans relation à rien d'extérieur). Deux types d'expériences sont particulièrement illustratives à ce sujet : une expérience de mécanique (pendule de Foucault), des expériences d'optique dues à Harress, Sagnac et Pogany.

A) *Le pendule de Foucault.* — L'expérience de Foucault montre le mouvement « absolu » de rotation de la Terre sur elle-même. Elle a été réalisée pour la première fois, en public, par Foucault en 1851. Un pendule de 70 m de long, portant à son extrémité une masse de 28 kg, était fixé sous le dôme du Panthéon. Un anneau de sable de 3 m de rayon, dont le centre était juste en dessous du point de suspension du pendule, servait à repérer la position du pendule à chaque oscillation. Foucault montrait que le plan d'oscillation de ce pendule tournait de 360° en trente-deux heures. Or, le plan d'oscillation d'un pendule est déterminé uniquement par l'impulsion initiale et n'a aucune raison de changer. Par conséquent, ce que cette expérience met en évidence, c'est le mouvement de rotation de la Terre. Mais les modalités de l'expérience dépendent de la latitude du lieu où elle est effectuée. Si le pendule de Foucault oscillait au pôle [1], son plan d'oscillation tournerait de 360° en vingt-quatre heures, en sens inverse de la rotation terrestre.

Cette expérience démontre donc le mouvement de rotation (qui est un mouvement accéléré) du système de référence auquel on la rapporte. Autrement dit, il serait possible, par une méthode dyna-

[1] L'expérience a été réalisée dans la cathédrale Saint-Isaac de Leningrad (dont la latitude est beaucoup plus septentrionale que celle de Paris), où elle est encore montée.

mique, de déceler un mouvement absolu, c'est-à-dire un espace absolu. Or, une telle conclusion est en contradiction avec les principes de la relativité restreinte.

B) *Expériences de Harress, Sagnac et Pogany.* — Ces expériences sont l'analogue optique de l'expérience de Foucault.

Le principe en est le suivant : une source S émet un faisceau lumineux séparé en deux parties par un miroir M semi-transparent, incliné à 45° par rapport au faisceau incident. Les deux faisceaux ainsi séparés parcourent en sens inverse un circuit optique entraîné par le mouvement de rotation d'un disque. Dans les expériences de Harress (1912), ce circuit est réalisé dans des prismes de verre. Il a lieu dans un tube plein d'eau lié au disque tournant dans les expériences de Pogany. Sagnac (1913) a utilisé un système de miroirs M_1, M_2, M_3 placés à la périphérie du disque. Ainsi, les rayons lumineux parcourent, dans l'air, un certain circuit polygonal.

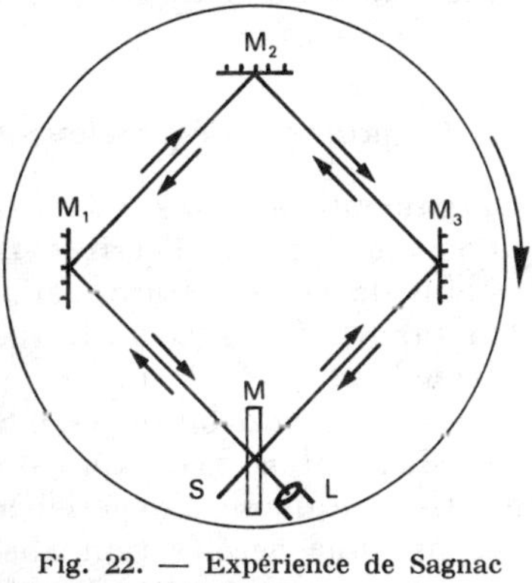

Fig. 22. — Expérience de Sagnac

Dans toutes ces expériences, un interféromètre L permet de déterminer la différence entre les temps de parcours des deux faisceaux cheminant en sens inverse. La source S, l'interféromètre L et tous les miroirs sont liés au disque en rotation. L'observation des franges montre que le temps de parcours est plus petit pour le rayon lumineux cheminant dans le sens de rotation du disque que pour celui cheminant en sens inverse.

Par conséquent, un observateur lié à un solide en rotation, c'est-à-dire un système accéléré, peut, soit par une expérience de mécanique (pendule de Foucault) soit par une expérience d'optique (expériences de Harress, Sagnac, Pogany) mettre en évidence son propre mouvement. Les mouvements accélérés semblent donc offrir la possibilité de détecter des mouvements « absolus », c'est-à-dire un espace absolu. Une telle conclusion est en contradiction avec les bases de la Relativité Restreinte et les expériences (Michelson-Morley) qui vérifient cette théorie.

Il convient alors de remédier à cette situation. Il appartenait encore à Einstein d'apporter la solution. Mais, cette fois, tout était à construire et le chemin ardu. Il fallut plusieurs années pour aboutir, avec des étapes successives. Une étape essentielle dans ce cheminement a été marquée par le principe d'équivalence.

II. — Le principe d'équivalence

Parmi les arguments avancés pour pallier aux difficultés qui viennent d'être décrites, il convient de retenir le point de vue de *Mach*, car il est intéressant et il a influencé Einstein. D'une manière tout à fait tranchante, Mach rejette l'existence d'un espace absolu, la possibilité de mouvements absolus. Selon Mach, il n'existe que des mouvements relatifs. Ce que décèle l'expérience de Foucault, ce n'est pas une accélération absolue mais une accélération par rapport aux autres masses de l'univers (planètes, étoiles), masses dont on ne peut éliminer l'action. Ce que le pendule de Foucault met en évidence, ce n'est pas le mouvement de rotation de la Terre par rapport à l'espace absolu (qui n'existe pas) mais par rapport à l'ensemble des masses éloignées. Ainsi, selon Mach, si la Terre était seule dans l'univers, les autres astres étant supprimés, tous les systèmes de référence seraient équivalents : on n'observerait pas de rotation du plan d'oscillation du pendule de Foucault, ce qui est évidemment invérifiable. L'intérêt de cette discussion consiste en ceci : Mach admet implicitement une relation entre les forces de gravitation, dues à la présence des astres éloignés, et les forces d'inertie (2) liées à la rotation de la Terre (dans l'expérience de Foucault). La suppression des astres (forces de gravitation) rendrait indécelables les forces d'inertie des mouvements accélérés.

Ces remarques ont été approfondies par Einstein. Elles l'ont mené, dans un premier temps, à l'énoncé du Principe d'Equivalence. Le problème auquel on se trouve confronté est le suivant : comment étendre le principe de relativité pour que les systèmes accélérés puissent, à leur tour, être considérés comme des systèmes d'inertie en mouvement libre ? Un pas important vers la solution sera franchi en tirant les conséquences de l'identité entre masse « grave » ou pesante et masse « inerte ».

A) *Identité masse « grave » – masse inerte.* — La loi fondamentale de la dynamique

$$(1) \quad \mathbf{F} = m\gamma$$

fait intervenir la masse « inerte » m, ou résistance à l'accélération. Quant à la masse « grave » ou

(2) Notons qu'on appelle *systèmes d'inertie* ou systèmes libres des systèmes par rapport auxquels le principe d'inertie est vérifié (cf. p. 9), et *forces d'inertie* des forces liées aux systèmes accélérés (ex. : la force centrifuge).

pesante M, c'est elle qui figure dans la loi newtonienne de gravitation universelle :

$$(32) \quad F = -G\frac{MM'}{r^2}.$$

L'action gravitationnelle de la masse M′ communique à la masse « grave » M une accélération

$$(33) \quad \gamma = \frac{F}{m} = -G\left(\frac{M}{m}\right)\frac{M'}{r^2}.$$

Or, l'expérience classique du tube de Newton montre que, dans le vide, tous les corps tombent avec la même accélération. Dans un champ de gravitation déterminé $\left(\text{pour un même } \frac{GM'}{r^2}\right)$, l'accélération γ est indépendante du corps d'épreuve : le rapport $\left(\frac{M}{m}\right)$ est le même pour tous les corps. Par un choix convenable d'unités, on adopte la valeur 1 pour ce rapport. La masse « grave » M est identique à la masse « inerte » m (3). Cette identité est admise par la mécanique classique, sans justification. De nombreuses expériences, notamment d'Eötvos, de Zeeman, ont vérifié cette identité masse grave – masse inerte, avec une précision relative atteignant 10^{-8}.

B) *Equivalence locale entre forces d'inertie et forces de gravitation.* — A cause de l'identité masse grave – masse inerte, il est impossible de distinguer localement les forces d'inertie des systèmes accé-

(3) Si au lieu d'actions de gravitation et de masses « pesantes » on avait affaire à des actions et des charges électriques, l'accélération γ, fonction du rapport (charge électrique/m) ne serait pas la même pour tous les corps.

lérés, des forces de gravitation. Ces deux types de forces sont indiscernables les unes des autres car elles ont la même propriété :

Les forces d'inertie (des systèmes accélérés) communiquent à un corps d'épreuve une accélération indépendante de sa masse (exemple des forces centrifuges qui donnent lieu à une accélération $\gamma = \omega^2 r$, indépendante de m). Les forces de gravitation, comme nous venons de le rappeler, ont la même propriété (expérience du tube de Newton). Il est donc impossible (tout au moins localement) de distinguer les forces d'inertie des forces de gravitation. Par un choix convenable de système de référence, on pourra compenser les unes par les autres. L'exemple célèbre de *l'ascenseur d'Einstein* illustre cette possibilité : si une balle est abandonnée à elle-même dans un ascenseur en chute libre, il est bien évident que la balle reste immobile par rapport à l'ascenseur, à une distance constante du plancher. L'ascenseur se comporte alors comme un parfait système galiléen. Si l'accélération de l'ascenseur est supérieure à g (accélération de la pesanteur terrestre), la balle monte au plafond. Si l'accélération de l'ascenseur est inférieure à g, la balle tombe. Les satellites artificiels modernes nous ont accoutumés aux phénomènes d' « apesanteur ». Dans un ascenseur *en chute libre*, les lois de la physique sont les mêmes que dans les systèmes d'inertie de la relativité restreinte. D'où l'énoncé du *principe d'équivalence* :

Dans une région limitée de l'espace, un champ de force créé par un mouvement accéléré est équivalent à un champ de gravitation. *Les systèmes accélérés*, grâce à cette possibilité de compensation, vont, à leur tour, être *assimilables à des* systèmes d'inertie, c'est-à-dire des *systèmes en mouvement libre, dans un champ de gravitation convenablement choisi.*

Remarque : Le principe d'équivalence comporte une restriction. C'est un principe d'équivalence *local.* Il est bien connu que la présence d'un champ de gravitation dans une région étendue de l'espace se manifeste par une convergence des lignes de force de ce champ. C'est ce fait qui restreint le principe d'équivalence : en raison de la convergence des lignes de force, il n'existe pas de système de référence global unique par rapport auquel le champ de gravitation puisse s'annuler partout.

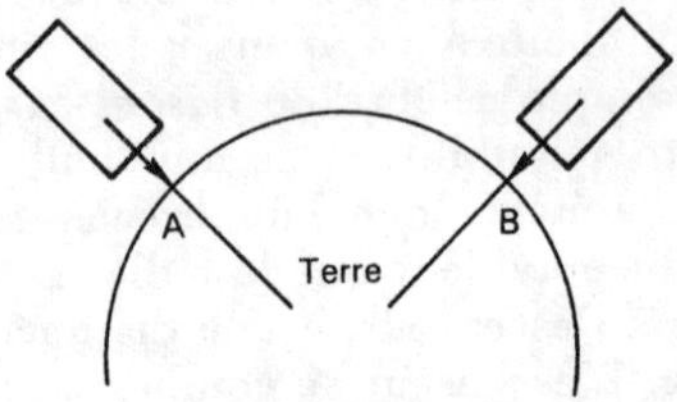

Fig. 23

L'accélération de l'ascenseur qui compenserait la pesanteur en A ne peut compenser la pesanteur en B : l'accélération compensatrice, en B, doit avoir une autre direction. Les ascenseurs A et B ne peuvent constituer un référentiel inertiel unique. Mais chacun, localement, se comporte comme un système d'inertie.

Le principe d'équivalence permet de rallier les mouvements accélérés au groupe des mouvements libres. Il a conduit Einstein à l'énoncé du principe de relativité généralisée.

III. — Le principe de relativité généralisée

Tous les systèmes de référence, quel que soit leur état de mouvement, doivent être équivalents pour l'expression des lois physiques.

La signification de ce principe consiste en une extension de la notion d'observateur libre. Mais cette extension est un problème dont la solution mathématique a demandé plusieurs années d'efforts à Einstein. L'équivalence de tous les systèmes de référence, postulée par le principe de relativité généralisée, repose sur les conditions de validité de la transformation de Lorentz. En présence d'un champ de gravitation, il doit être impossible d'introduire *globalement* des systèmes lorentziens (cf. p. 40). A cause du caractère *local* du principe d'équivalence, en présence de gravitation on ne peut repérer tout l'espace au moyen d'un seul système ayant les propriétés d'un système d'inertie : on ne peut repérer qu'une petite région à l'aide d'un système lorentzien, la région voisine étant repérée à l'aide d'un autre système lorentzien (cf. fig. 23).

La structure de l'espace, en présence d'un champ de gravitation, doit être telle qu'il soit impossible de le repérer tout entier avec un seul système lorentzien. Cette conclusion nous fait pressentir la nécessité d'introduire une structure non euclidienne de l'espace-temps.

CHAPITRE V

LA RELATIVITÉ GÉNÉRALE, THÉORIE NON EUCLIDIENNE DU CHAMP DE GRAVITATION

I. — Loi de Newton et relativité restreinte

Les phénomènes de gravitation étaient décrits, jusqu'ici, de façon à peu près parfaite par la loi de Newton. Toute la mécanique céleste avait pu être développée presque sans contradiction avec l'observation grâce à cette loi. Les quelques très rares désaccords entre les prévisions newtoniennes et les mesures concernaient le mouvement de certaines planètes, notamment celui de Mercure. Nous en parlerons plus loin.

Mais la loi newtonienne de la gravitation a rencontré des difficultés beaucoup plus sérieuses sur le plan théorique, après le développement de la relativité restreinte.

A) *Loi de Newton et action à distance.* — La loi de force de Newton

$$(32) \quad F = -G\frac{MM'}{r^2}$$

(G est la constante de gravitation universelle ou constante de Newton : $G = 6{,}668 \times 10^{-8}\ \mathrm{cm}^3\, g^{-1}\, s^{-2}$) est une loi d'action à distance : la force d'attraction subie par la masse M à l'instant t est déterminée par la masse M′ et la distance r de celle-ci *au même instant t*. Une loi d'action à distance implique que les positions des corps en interaction sont déterminées à un même instant, indépendamment du système de référence utilisé. Il est donc essentiel, pour la loi d'attraction newtonienne, que les notions de simultanéité et de distance aient une signification absolue. Tel est bien le cas lorsqu'on utilise la transformation de Galilée. Mais nous avons vu qu'il n'en est plus ainsi avec la transformation de Lorentz.

La loi d'action à distance de Newton s'était d'ailleurs heurtée, dès l'origine, à de nombreuses attaques. Cette mystérieuse force de gravitation était dénoncée, par les adversaires de Newton, comme une propriété incompréhensible dont l'action à distance relevait de la magie. Or, Newton lui-même jugeait complètement « absurde » l'action à distance d'un corps sur un autre, à travers le vide, sans nul intermédiaire. Mais il n'avait pas pu découvrir « la cause des propriétés de gravitation ».

Après les travaux de Faraday, de Maxwell et de Hertz en électrodynamique, la notion d'action à distance a fait place à la notion de champ.

B) *Champ de gravitation et relativité restreinte.* — Avant Faraday, on décrivait l'attraction de la limaille de fer par un aimant comme une action à distance, à travers le vide. Puis, une étude développée des phénomènes électromagnétiques (en particulier des diélectriques et de l'induction) a montré qu'un aimant modifiait l'espace autour de lui en créant un champ magnétique. C'est ce champ qui agit sur la limaille de fer. L'action à distance est remplacée par une action locale de proche en proche : en un point de l'espace, il existe des lignes de force du champ que décèle une particule d'épreuve et auxquelles elle réagit.

On peut essayer de décrire la gravitation d'une manière analogue à l'électromagnétisme. Ainsi, toute masse créerait en son voisinage un champ de gravitation. Celui-ci agit sur les autres masses et produit leur mouvement. On peut tenter de formuler les lois du champ de gravitation en prenant l'électromagnétisme comme modèle. On substituera alors à la loi de force de Newton, l'équation de Poisson

$$(34) \qquad \boxed{\Delta U = -4\pi G\mu}$$

$\left(\Delta \text{ est l'opérateur laplacien : } \Delta = \frac{\partial^2}{\partial x^2} + \frac{\partial^2}{\partial y^2} + \frac{\partial^2}{\partial z^2}\right)$. U est le potentiel gravitationnel créé par une distribution continue de matière de densité μ. Dans le cas d'une masse ponctuelle M′, le potentiel gravitationnel U se réduit à

$$U = \frac{GM'}{r}.$$

La force que subit un corps de masse M est égale au gradient de son énergie potentielle (la force dérive d'un potentiel, dit-on) :

$$F = M \operatorname{grad} U$$

$\left(\text{le gradient est un vecteur : } \operatorname{grad}_x = \frac{\partial}{\partial x}\right)$. Sous l'action de cette force, le corps de masse M, ou m (à cause de l'identité — postulée mais non justifiée — masse grave - masse inerte) prend une accélération

$$\boxed{\gamma = \operatorname{grad} U} \qquad (35)$$

L'équation de Poisson (34) est une autre formulation de la loi de Newton. Elle supprime l'inconvénient de l'action à distance mais elle suppose une ***propagation instantanée*** de la gravitation [1]. En théorie de Newton, la gravitation se propage avec une vitesse infinie. Les lois de Newton — loi du champ de gravitation (34), loi du mouvement (35) — invariantes dans une transformation de Galilée, ne sont pas Lorentz - invariantes. Elles ne satisfont pas aux exigences de la relativité restreinte. On pourrait, suivant toujours le modèle de l'électromagnétisme, chercher à « relativiser » la gravitation. C'est ce qu'Einstein tenta de faire jusqu'en 1912 ; pendant toutes ces années, il cherchait une théorie euclidienne relativiste de la gravitation.

Pour éviter l'inconvénient de la propagation instantanée de la gravitation, une modification simple de la loi de Poisson consiste à remplacer l'opérateur laplacien par son extension à 4 dimensions, le d'Alembertien $\left(\Box \equiv \frac{1}{c^2}\frac{\partial^2}{\partial t^2} - \Delta\right)$ et écrire, comme loi de champ

$$\Box U = 4\pi G\mu. \qquad (36)$$

Une telle équation de d'Alembert admet des solutions dites « aux potentiels retardés », c'est-à-dire une ***propagation avec la vitesse finie c*** du champ de gravitation.

Mais cette équation n'est encore pas Lorentz-invariante, le second membre (la densité de masse) ne se transformant pas comme le premier lors d'une transformation de Lorentz.

[1] En effet, la solution $U = f(\mu, r)$ de l'équation de Poisson, calculée en un point P situé en dehors de la matière, représente le potentiel newtonien U en P en fonction de la densité μ existant *au même instant* dans la matière.

On a enfin trouvé des théories euclidiennes relativistes de la gravitation. Mais, ou bien elles ne sont pas en accord avec les faits observés, ou bien elles font intervenir plusieurs constantes arbitraires, ajustables *ad hoc*, de manière à rendre compte des observations. Et surtout, ces théories sont tout à fait surclassées par la Relativité Générale, théorie non euclidienne de la gravitation, éliminant toutes les difficultés connues.

II. — Décalage gravitationnel des raies spectrales et géométrie non euclidienne

A) *Décalage gravitationnel des fréquences.* — Nous avons vu (cf. p. 79) que pour représenter l'énergie d'un photon (particule de masse propre nulle, de vitesse c par rapport à tout référentiel) il convenait d'utiliser la relation quantique

$$E = h\nu.$$

D'après l'équivalence masse-énergie (cf. p. 66), cette énergie équivaut à une masse inerte $\frac{h\nu}{c^2}$. Admettons qu'elle soit aussi équivalente à une masse « grave » identique. Supposons que ce photon soit émis par une source située à une hauteur H au-dessus de la Terre. En atteignant la surface terrestre, le photon a perdu l'énergie potentielle $\frac{h\nu}{c^2}g\mathrm{H}$ et gagné l'énergie cinétique $\frac{h\nu}{c^2}g\mathrm{H}$ (g désigne le champ gravitationnel terrestre). Son énergie totale est devenue

$$h\nu' = h\nu + \frac{h\nu}{c^2}g\mathrm{H}.$$

La fréquence ν' du photon à son arrivée à la surface terrestre est décalée par rapport à sa fréquence initiale suivant la relation

$$\nu' = \nu\left(1 + \frac{gH}{c^2}\right).$$

Un tel décalage gravitationnel (obtenu en supposant — en 1re approximation — que la masse $\frac{h\nu}{c^2}$ du photon reste constante pendant la chute) résulte simplement de la conservation de l'énergie. Or, ce très petit décalage a effectivement été observé expérimentalement.

B) *Nécessité d'une géométrie non euclidienne.* — A. Schild (1960) a montré que cet effet de décalage de fréquence par un champ de gravitation entraînait nécessairement le caractère non euclidien de l'espace-temps. Examinons l'argument de Schild (2).

Soient deux observateurs au repos l'un par rapport à l'autre (et par rapport à la Terre). L'un d'entre eux A se trouve à la surface de la Terre, l'autre B à une hauteur H. Supposons que l'observateur A émette un signal électromagnétique, par exemple un ensemble de N pulsations de fréquence ν'. Décrivons la propagation de ce signal en utilisant un système de référence lorentzien lié à la Terre et aux observateurs A et B. Les deux observateurs étant au repos par rapport à ce système, le temps propre est égal au temps coordonnée t. La durée d'émission $\delta\tau_A$ de ces N pulsations sera telle que :

$$2\pi N = \nu'_A \, \delta\tau_A.$$

Pour recevoir ces mêmes N pulsations, il faudra à l'observateur B un temps $\delta\tau_B$ tel que

$$2\pi N = \nu_B \, \delta\tau_B.$$

(2) D'après Misner, Thorne, Wheeler, *Gravitation* (Freeman and Co., 1973).

Or, nous venons de voir que $\nu'_A > \nu_B$. En conséquence, les intervalles de temps $\delta\tau_A$ et $\delta\tau_B$ doivent être inégaux :

$$\delta\tau_A < \delta\tau_B.$$

Portons ces expériences sur un diagramme d'espace-temps de Minkowski (en nous limitant aux coordonnées z, t). Nous pouvons, dans une première approximation, représenter la propagation d'une pulsation comme un rayon lumineux c'est-à-dire une droite inclinée à 45° telle que a_1 b_1

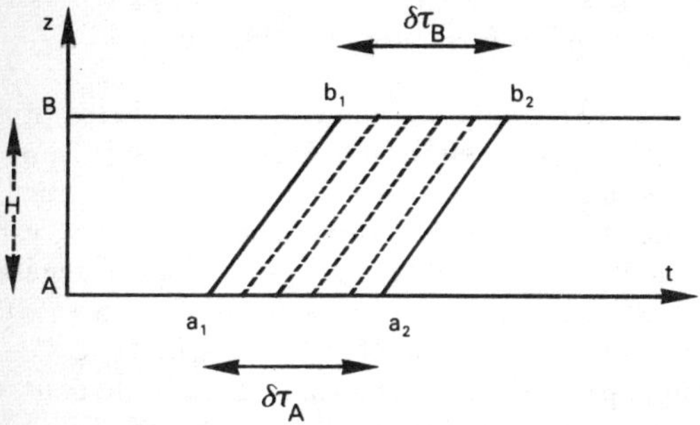

Fig. 24

L'émission du signal électromagnétique a une durée $\delta\tau_A$. Nous sommes amenés à tracer un parallélogramme (a_1 b_1 ..., a_2 b_2 étant des droites parallèles, inclinées à 45°) selon lequel $\delta\tau_A = \delta\tau_B$. Or, un tel résultat est en contradiction avec l'effet de décalage gravitationnel de fréquence. Pour être plus rigoureux il faudrait, au lieu des droites a_1 b_1 ..., a_2 b_2 tracer, des courbes puisque la propagation de la lumière est influencée par un champ de gravitation (³).

Mais comme les observateurs A et B sont statiques dans l'exemple de Schild, on aurait encore un parallélogramme : les côtés a_1 b_1 . . ., a_2 b_2 seraient curvilignes, cette fois, mais

(³) En effet, même une particule de masse propre nulle comme le photon subit l'action d'un champ de gravitation, car son énergie équivaut à une masse. Les rayons lumineux, trajectoires des photons, ne peuvent donc être des droites dans un champ de gravitation. La propagation de la lumière est rectiligne uniquement dans le vide. La vitesse de la lumière est une constante c seulement dans le vide. Dans un champ de gravitation, la vitesse de la lumière cesse d'être constante. Nous verrons plus loin que la courbure des rayons lumineux a été effectivement observée.

toujours $\delta\tau_A = \delta\tau_B$. *Ce qui est en contradiction avec l'effet de décalage gravitationnel de fréquence.*

Ainsi, l'argument de Schild montre que l'espace-temps de Minkowski n'est pas valable en présence d'un champ de gravitation : il n'est pas compatible avec le décalage gravitationnel de fréquence. Pour lever la contradiction, il faut faire appel à une géométrie non euclidienne (puisque $\delta\tau_B \neq \delta\tau_A$).

III. — Forces d'inertie et géométrie non euclidienne

Dès 1913, Einstein pensait que l'introduction d'un univers non euclidien était nécessaire pour la formulation mathématique du principe de relativité générale. Cette conclusion reposait sur l'analyse de la géométrie existant dans des systèmes accélérés, plus particulièrement à bord de solides en rotation. Considérons l'exemple décrit par Einstein.

Soient deux disques coaxiaux S et S′ de centre O. Supposons que le disque S′ soit animé d'un mouvement de rotation uniforme (de vitesse ω) autour de l'axe commun Oz. Le disque immobile S peut être considéré comme un référentiel galiléen (système du laboratoire, par exemple). Il est évident qu'un cercle de centre O, pour les système S, est aussi un cercle pour S′. Si un observateur lié à S mesure la circonférence et le diamètre de ce cercle avec son étalon de longueur et fait le quotient de ces deux quantités, il trouvera le nombre π. Si les mêmes opérations sont effectuées par un observateur de S′, le quotient sera un nombre supérieur à π : en effet, quand S′ pose sa règle sur la circonférence du disque (dont le mouvement peut être assimilé à une translation uniforme pendant un temps court), il utilise une règle trop courte car cette règle subit la contraction de Lorentz d'après S (pour qui seulement la relativité restreinte est valable). Par contre, la règle de S′ posée suivant le diamètre du disque ne subit, d'après S, aucune contraction. C'est pourquoi S′ trouve (d'après S) un nombre supérieur à π pour le rapport circonférence/diamètre (il faut plus de « mètres courts » pour déterminer la circonférence).

Ainsi, la géométrie à bord d'un disque tournant (système accéléré), déterminée à l'aide des étalons de longueur de son propre système S′, n'est pas une géométrie euclidienne. Et, par conséquent, la notion habituelle de coordonnée spatiale, qui est fondée sur la géométrie euclidienne, perd sa signification.

Examinons, à présent, les mesures de temps. Pour cela, Einstein suppose que deux horloges identiques liées au disque S′ sont placées l'une au centre O des disques, l'autre sur le pourtour de S′. Ces horloges sont observées par S (observateur lorentzien). L'horloge de la circonférence retarde par rapport à celle qui est au centre. Et le retard des diverses horloges de S′ est différent suivant leur position. Leur retard est variable selon leur distance au centre car il est fonction de leur vitesse d'entraînement par rapport à S ($v = \omega r$ dans ce mouvement de rotation de S′). Des horloges situées le long d'un rayon ne concorderaient pas.

Ainsi, à bord d'un solide en rotation, « il n'est pas possible de définir le temps au moyen d'horloges immobiles par rapport au système de référence ».

Par conséquent, en présence de forces d'inertie, la géométrie de l'espace-temps n'est pas euclidienne. Il en résulte que les coordonnées n'ont plus leur « signification immédiate » : elles perdent leur interprétation simple ([4]).

([4]) En effet, pour déterminer les coordonnées habituelles, il faut mener des parallèles à des axes et mesurer des longueurs avec une règle unité. Ces opérations (parallélisme, emploi des mêmes unités

Historiquement, on peut schématiser la démarche d'Einstein comme suit : les forces d'inertie entraînent le caractère non euclidien de l'univers. D'après le principe d'équivalence, forces d'inertie et forces de gravitation sont indiscernables. Donc, la présence d'un champ de gravitation va aussi se traduire par une structure non euclidienne de l'univers.

IV. — Les instruments mathématiques : coordonnées de Gauss et structures non euclidiennes

Il fallut sept ans à Einstein pour se libérer de l'interprétation métrique usuelle des coordonnées et construire enfin la théorie de la relativité générale. Pour éclairer ses difficultés, soulignons le fait qu'il ne peut y avoir de corps solides à propriétés euclidiennes (et par conséquent de référentiel solide) en présence d'un champ d'inertie ou d'un champ de gravitation. Ces champs influent aussi sur la marche des horloges.

Or, les événements que nous nous proposons de décrire sont constitués par des distributions de matière en mouvement quelconque et par leurs champs de gravitation. Einstein propose de désigner par « mollusque de référence », le système de référence non rigide auquel il faut faire appel. Il s'agit, en fait, de *système de coordonnées de Gauss*.

Ces coordonnées ont été introduites par Gauss dans l'étude des surfaces quelconques. Un plan est une surface euclidienne,

dans tout le référentiel) supposent la validité de la géométrie euclidienne. Elles ne sont plus possibles dans un cadre non euclidien. De même les coordonnées temporelles ne peuvent plus résulter de mesures directes à l'aide d'horloges.

à deux dimensions. Une sphère, un ellipsoïde sont des surfaces non euclidiennes. Prenons le cas général de ces dernières. Le but d'un système de coordonnées est de permettre la détermination de la position d'un point sur la surface. Pour cela, Gauss considère deux familles de courbes quelconques tracées sur la surface : courbes des u et courbes des v

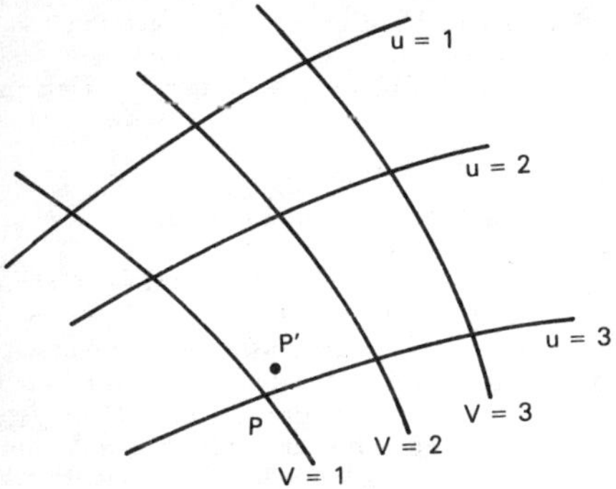

Fig. 25 (d'après Einstein)

Il faut imaginer un nombre infini de courbes correspondant à tous les nombres réels possibles. La surface non euclidienne est ainsi complètement recouverte d'une sorte de filet à mailles curvilignes. Par chaque point de la surface passe une courbe u et une seule, et une courbe v et une seule. Les courbes u ne se coupent pas. De même pour les courbes v. Le long d'une courbe $v = c^{te}$, seul u varie et réciproquement. Chaque point de la surface sera repéré par une valeur de u et une valeur de v qui sont les coordonnées de Gauss de ce point. Ainsi les coordonnées de P sont $u = 3$, $v = 1$. Ces nombres servent uniquement à désigner un point. De nombreux systèmes de coordonnées gaussiennes peuvent être utilisés pour repérer les points de la surface. Ces coordonnées doivent varier régulièrement d'un point P à un point infiniment voisin P'. Ainsi, leurs coordonnées seront respectivement :

— pour le point P : u, v,
— pour le point P' : $u + du$, $v + dv$,

les quantités du et dv étant très petites. Les points P et P′ étant très proches, leur distance ds peut être mesurée à l'aide d'une règle. On trouve, d'après Gauss

$$ds^2 = g_{11}\, du^2 + 2g_{12}\, du\, dv + g_{22}\, dv^2,$$

les quantités g_{11}, g_{12}, g_{22} étant, en général, fonction de u et de v.

Dans le cas particulier d'un plan (surface euclidienne), et dans ce cas seulement, on peut choisir les courbes – coordonnées u et v de telle sorte que l'intervalle élémentaire se réduise à

$$ds^2 = du^2 + dv^2.$$

Les coordonnées de Gauss sont alors réduites aux coordonnées rectangulaires cartésiennes.

L'extension de cette méthode à un nombre quelconque de dimensions et en particulier à l'univers physique est alors immédiate. Les points-événements de l'univers physique forment un continuum à 4 dimensions (cf. p. 50), non euclidien en présence d'un champ de gravitation. Pour repérer un événement, il faut 4 nombres, les valeurs des 4 coordonnées de Gauss (x^1, x^2, x^3, x^4) en ce point. L'intervalle entre deux points infiniment voisins (on pourrait encore, par extension, l'appeler « distance ») sera donné par

$$ds^2 = g_{11}(dx^1)^2 + 2g_{12}\, dx^1\, dx^2 + \ldots + g_{44}(dx^4)^2. \tag{37}$$

L'expression ds^2 est appelée la *métrique* et les $g_{\alpha\beta}$ (qui peuvent être fonction des 4 coordonnées x^λ), sont appelés coefficients ou composantes de la métrique. Ces composantes dépendent du système de coordonnées gaussiennes utilisé. Mais, comme dans le cas euclidien, l'intervalle élémentaire ds (ou encore la métrique) est un invariant qui ne dépend pas du choix du système de coordonnées : d'où son intérêt.

Les *structures géométriques* les plus générales sont caractérisées par trois éléments :

a) Une courbure de rotation ;
b) Une courbure segmentaire ;
c) Une torsion.

Si ces trois éléments sont nuls, la structure est euclidienne. Le cas non euclidien le plus simple est celui où seul le premier des éléments de structure, la courbure de rotation, est non nul : tel est le cas des espaces de Riemann qui diffèrent des espaces plats euclidiens par la seule présence d'une courbure (5).

Einstein a supposé que l'univers non euclidien, cadre nécessaire de la relativité générale, était un univers riemannien. Cette hypothèse s'est avérée particulièrement fructueuse.

V. — La Relativité Générale, théorie riemanienne du champ de gravitation

Nous avons indiqué (cf. p. 101) que la signification du principe de relativité généralisée ne pouvait être qu'une extension de la notion d'observateur « libre ». D'après le principe d'équivalence, un système accéléré est assimilable à un système libre, pourvu qu'il existe un champ gravitationnel convenablement choisi.

Einstein a traduit ces principes par une extension du principe d'inertie.

a) En l'absence de champ de gravitation (6), un point matériel est libre dans l'espace euclidien (ou plutôt improprement euclidien). Le principe d'inertie ordinaire s'applique : le point matériel décrit une droite d'un mouvement uniforme. Or, du point de vue géométrique, une droite est une géodésique de l'espace euclidien.

Par définition, on appelle *géodésique* la plus courte des lignes joignant deux points donnés. Ceci suppose

(5) L'expression mathématique de cette courbure ne fait intervenir que les coefficients de la métrique (et leurs dérivées premières et secondes) : un espace de Riemann est entièrement déterminé par la connaissance de sa métrique.

(6) Nous excluons, ici, tous les autres champs physiques (électromagnétique, etc.).

que la notion de longueur ou encore de métrique est explicitée. Une géodésique est donc la ligne pour laquelle le ds^2 entre deux points donnés est minimum. Cette définition (ds_{AB} = minimum) représente une droite dans le cas euclidien.

b) En présence d'un champ de gravitation, l'univers n'est plus euclidien : il est riemannien, dit Einstein. Dans cet univers riemannien, une particule matérielle est « libre » : elle décrira encore une géodésique. Mais cette géodésique riemanienne n'est pas une droite car les coefficients de la métrique, $g_{\alpha\beta}$, ne peuvent être ramenés à des constantes. Ainsi se trouve posé, *a priori*, le mouvement des particules matérielles (et des photons). Ainsi se trouve formulé le principe d'équivalence : le mouvement des particules, sous l'influence d'un champ de gravitation, est toujours un mouvement « libre » puisque les trajectoires des particules sont des géodésiques, mais ce sont des géodésiques riemaniennes.

Le champ de gravitation a pour effet de courber l'espace-temps. Seul, un univers vide est dénué de courbure : c'est un univers « plat », pseudo-euclidien. En présence de masses disséminées dans l'espace, la structure de l'univers cesse d'être euclidienne : Einstein suppose qu'elle est riemannienne. Cette courbure, qui caractérise un univers riemannien, est donc produite par les masses (et autres formes d'énergie) présentes.

Jusqu'ici, l'espace de Riemann est arbitraire. Pour le déterminer, il faut préciser quelles conditions il doit satisfaire c'est-à-dire comment sa courbure est produite par les masses et autres formes d'énergie présentes dans l'univers. De telles conditions de structure constitueront les nouvelles lois du champ de gravitation. Puisque l'apparition d'une courbure est liée à la présence de matière, on pourra traduire ce lien par des équations écrites symboliquement sous la forme :

$$(38) \quad \mathbf{S} = \chi \mathbf{T}.$$

χ est une constante de proportionnalité. Le second membre **T** représente le contenu matériel et énergétique de l'univers. On le particularisera selon le problème envisagé : il pourra représenter la Terre, le Soleil, une étoile quelconque, un pulsar, l'ensemble des galaxies, etc. D'après les résultats de l'hydrodynamique, **T** est fonction de la densité, de la pression et de la vitesse matérielles : $\mathbf{T} = \mathrm{T}(\mu, p, v)$. C'est *l'impulsion-énergie* de la matière. En lisant l'équation précédente (38) de droite à gauche, le second membre **T** « crée » la courbure de l'univers à laquelle est lié **S** qui est uniquement géométrique. Après plusieurs tâtonnements, Einstein trouve l'expression convenable du premier membre S : on l'appelle *tenseur d'Einstein.* Pour chaque distribution matérielle que l'on voudra étudier, il faudra envisager un espace de Riemann particulier déterminé par l'équation précédente (ou plutôt les équations précédentes, car notre écriture symbolique représente un ensemble de 10 équations dites *équations d'Einstein*). Résoudre les équations d'Einstein, c'est déterminer l'espace de Riemann — c'est-à-dire la métrique riemannienne — engendré par la distribution matérielle T.

Comment Einstein a-t-il trouvé l'expression de S *?*

a) D'une part, étant donné l'immense domaine de validité de la loi de Newton, les équations d'Einstein doivent se réduire à cette loi (ou à la loi de Poisson (34) qui lui est équivalente) en 1re approximation, dans le cas de champs de gravitation faibles. Et la loi du mouvement géodésique doit, elle aussi se réduire à la loi de mouvement newtonienne (35) pour les mouvements lents.

Cette double nécessité montre que :

1) Les coefficients de la métrique $g_{\alpha\beta}$ doivent être assimilés à des potentiels de gravitation ;
2) Le tenseur S doit être fonction de ces potentiels $g_{\alpha\beta}$, de leurs dérivées premières et secondes pour pouvoir retrouver le 1er membre de l'équation de Poisson.

b) D'autre part, le second membre **T** des équations d'Einstein représente l'impulsion-énergie matérielle. Il doit donc satisfaire aux lois de conservation de l'impulsion et de l'énergie. Pour équilibrer ce second membre **T** conservatif, le 1er membre doit aussi être conservatif. Il en résulte que S est univoquement déterminé. Et ce fut là encore une des découvertes remarquables d'Einstein : le tenseur d'Einstein S satisfait des *identités de conservation.* Il en résulte que, pour toute solution $g_{\alpha\beta}$ des équations d'Einstein, la conservation de l'énergie **T** est automatiquement vérifiée. Or, les équations du mouvement des corps sont contenues dans la conservation de l'impulsion-énergie. Par conséquent, en théorie d'Einstein, les lois du mouvement résultent des équations du champ et n'ont pas à être posées indépendamment. Cette propriété remarquable est très particulière : tel n'est pas le cas de la théorie de Maxwell par exemple.

Ainsi, le mouvement géodésique est une conséquence directe des équations d'Einstein, et n'a nul besoin d'être posé *a priori*, indépendamment des équations du champ.

Ainsi, en Relativité Générale, la matière impose à l'univers de se courber, et cela de manière à satisfaire les équations d'Einstein $\mathbf{S} = \chi \mathbf{T}$. Dans cet univers courbé, toute particule d'épreuve (7) est « libre » : elle décrit une géodésique de cet univers.

(7) On appelle particule d'épreuve un corps matériel si petit qu'il est sans influence sur le champ de gravitation et le mouvement des autres corps envisagés. Une particule d'épreuve se trouve donc plongée dans un *champ extérieur* à elle, qu'elle ne modifie pas.

CHAPITRE VI

VÉRIFICATIONS DE LA RELATIVITÉ GÉNÉRALE

I. — Tests classiques et techniques modernes

A) *Avance du périhélie de Mercure.* — Les très rares désaccords entre les prévisions newtoniennes et les observations concernaient le mouvement des planètes intérieures, notamment Mercure.

Selon la loi de Newton, la trajectoire d'une planète soumise à l'attraction solaire est une ellipse fixe dont le Soleil occupe un des foyers. A cette attraction solaire s'ajoutent des forces beaucoup plus faibles exercées par les autres planètes qui perturbent l'orbite elliptique. Le principal effet de ces perturbations est une rotation de l'orbite que l'on décrit par une précession du *périhélie*, le point de la trajectoire le plus proche du Soleil. Or, en 1850, Le Verrier avait trouvé que l'avance mesurée du périhélie de Mercure était plus élevée (de 38″ d'arc par siècle) que celle calculée. Les déterminations de Newcomb (1898) accentuaient encore ce désaccord qui passait à 43″ par siècle, valeur confirmée récemment à l'aide d'observations supplémentaires : l'orbite de Mercure présente un résidu d'avance de périhélie de 43,11″ ± 0,45″ par siècle, dont la théorie newtonienne des perturbations ne rend pas compte.

Dès 1915, Einstein calcule la trajectoire de Mercure à l'aide de la Relativité Générale. Il trouve que sa théorie lève exactement le désaccord existant : en relativité générale, la trajectoire de Mercure autour du Soleil est une ellipse dont le périhélie avance de 43,03″ d'arc par siècle.

B) *Courbure des rayons lumineux dans un champ de gravitation.* — Les rayons lumineux ne se propagent pas en ligne droite dans un champ de gravitation (cf. note (3) p. 107). D'après la relativité générale, la courbure des rayons lumineux atteint 1,75″ pour des rayons tangents au Soleil (la loi de Newton prévoit un effet deux fois plus petit). Il en résulte que des étoiles fixes situées au voisinage apparent du Soleil doivent paraître écartées, au moment des éclipses totales.

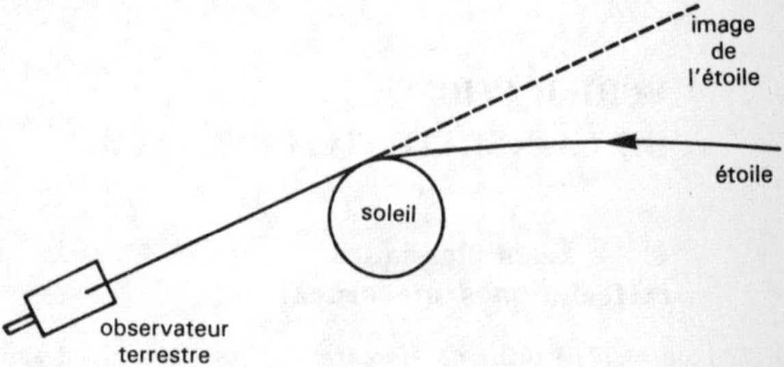

Fig. 26. — Courbure des rayons lumineux par un champ de gravitation

L'observateur terrestre situe l'étoile dans le prolongement des rayons qu'il reçoit. L'effet d'une telle courbure des rayons lumineux est de déformer la figure constituée par un groupe d'étoiles se trouvant au voisinage apparent du Soleil. On compare la photographie de cette figure, prise pendant l'éclipse solaire, à une autre figure du même groupe d'étoiles photographié plusieurs mois après, quand le Soleil est différemment placé.

La prévision relativiste a été vérifiée pour la première fois le 29 mai 1919 par Eddington qui dirigeait l'expédition Principe. En observant le groupe des Hyades, Eddington a trouvé une déviation de 1,61″ ± 0,30″. D'après plusieurs autres déterminations plus récentes, l'angle de déviation mesuré a pour valeur 1,79″ ± 0,06″, en parfait accord avec la théorie d'Einstein.

Récemment, cet effet de déviation des trajectoires électromagnétiques par un champ de gravitation a été à nouveau vérifié à l'aide des quasars 3 C 273 et 3 C 279. La position de ces radiosources est connue avec une très grande précision. 3 C 279 est occulté par le Soleil chaque année le 8 octobre. Les valeurs de déviation (1,77″ et 1,82″) trouvées par deux groupes de radio-astronomes travaillant indépendamment vérifient encore de manière tout à fait satisfaisante la relativité générale.

C) *Lentilles et mirages gravitationnels.* — On appelle lentilles gravitationnelles ou encore « déflecteurs » des masses M (tel le Soleil) dont le champ de gravitation dévie les trajectoires des photons passant en leur voisinage.

Dès 1919, Eddington en avait déduit que sous l'influence d'un champ de gravitation, un objet unique pouvait donner lieu à plusieurs images. Le mécanisme de ce très rare phénomène de « mirage gravitationnel » peut être décrit par le schéma suivant :

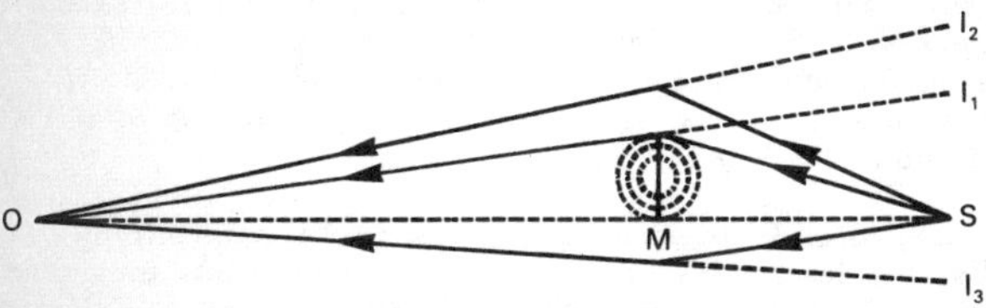

Fig. 27. — Schéma d'un « mirage gravitationnel »

Les rayons émis par la source S (dans toutes les directions) sont déviés par le déflecteur M (qui peut être le Soleil, une étoile, ou même une galaxie). Ils peuvent atteindre l'observateur O par plusieurs chemins optiques : O verra ainsi plusieurs images I_1, I_2, I_3 de la source S.

Ce n'est qu'en 1979 que cet effet a été détecté, fortuitement d'ailleurs, grâce aux quasars qui sont des sources à la fois lointaines et très brillantes. Le premier mirage gravitationnel découvert est un quasar double 0957 + 561. On a pu établir qu'il s'agissait de deux images d'un objet unique, le dédoublement étant produit par une lentille gravitationnelle interposée entre l'objet et nous. La galaxie déflectrice, c'est-à-dire la lentille, a été détectée quelques mois plus tard : c'est une elliptique géante.

On connaît actuellement 7 cas de mirages gravitationnels dont certains cas de quasars triples.

D) *Décalage gravitationnel des fréquences.* — Nous avons vu (p. 105) que les fréquences des raies spectrales étaient décalées dans un champ de gravitation. Le décalage a lieu vers le rouge : c'est l'effet Einstein ; il est très petit. Pour le détecter, on peut comparer un spectre solaire au spectre des mêmes atomes émetteurs observés au laboratoire terrestre. La relativité générale prévoit, dans ce cas, un décalage de 2 millionièmes difficile à mettre en évidence.

Si les atomes émetteurs, au lieu de se trouver à la surface du Soleil, se trouvent sur une Naine Blanche (étoile dont la densité moyenne est environ 150 000 fois celle de l'eau), l'effet Einstein prévu est beaucoup plus élevé. Il a été détecté avec une très bonne précision dans le cas du compagnon de Sirius, et de l'étoile 40 Eridani B qui est une autre naine blanche.

Enfin, en 1960-1964, l'effet Einstein a été vérifié à 1 % près au moyen d'expériences de laboratoire utilisant le champ gravitationnel terrestre. Le décalage prévu, dans les expériences de Pound, Rebka, Snider, était de $2,19 \times 10^{-15}$. Il a été détecté grâce à l'application de l'effet Mössbauer qui fournit des sources extrêmement monochromatiques et très stables.

E) *Durée de propagation des signaux électromagnétiques.* — Puisque les rayons lumineux sont courbés dans un champ de gravitation, la vitesse de la lumière devient variable en présence de masses. Pour vérifier cet effet, on a utilisé les techniques radar très précises.

Une impulsion radar est envoyée depuis la Terre sur une cible du système solaire (une planète par exemple) qui réfléchit ce signal radio et le renvoie sur Terre. La durée du parcours aller-retour (Terre-Planète-Terre) effectué par l'onde radio a une valeur un peu plus grande d'après la relativité générale que d'après la théorie de Newton. La différence est d'autant plus grande que le signal passe plus près du Soleil. Les premières expériences utilisaient des échos radar sur les planètes Vénus ou Mercure en conjonction supérieure avec le Soleil : l'onde radio traverse, dans ce cas, le champ de gravitation solaire à l'aller et au retour. Le retard relativiste est d'environ 200 μs. Il a été mesuré à 20 % près.

Des expériences ultérieures ont utilisé des échos radar sur les sondes spatiales Mariner VI et VII qui ont été placées sur des orbites solaires après leurs observations de Mars, en 1969. La mesure du retard ou délai (en anglais : *time-delay*) relativiste, effectuée en 1970, a fourni la valeur attendue de 200 μs et, cette fois, à 3 % près.

C'est une nouvelle et précise vérification de la Relativité Générale.

II. — Les pulsars, étoiles à neutrons

Les *étoiles à neutrons*, prévues théoriquement dès 1939, sont des objets de densités énormes, produisant, par conséquent, une très importante courbure de l'espace-temps. Elles doivent donc donner lieu à des effets relativistes tout à fait significatifs.

A la fin de leur évolution thermonucléaire, les étoiles massives peuvent exploser sous la forme de *supernovae*. Les débris de l'explosion constitués par les couches externes de l'étoile primitive sont soufflés dans le milieu interstellaire et forment une nébuleuse. Le cœur de l'étoile massive primitive est un autre résidu de cette violente explosion : c'est une étoile à neutrons extrêmement compacte. La densité de ces objets (dont la masse est inférieure à 2 ou 3 masses solaires) atteint cent millions de tonnes par centimètre cube. Leur rayon est de 10 km environ.

Difficiles à observer, leur découverte a été tout à fait fortuite. Elle est due aux radioastronomes de Cambridge, A. Hewish et J. Bell qui ont observé le premier pulsar en 1967. Depuis, environ 400 pulsars ont été observés.

Les *pulsars* sont des étoiles qui émettent des impulsions brèves et intenses d'ondes radio avec des périodes très courtes (une succession rapide et périodique de « bips »). Ces périodes vont de 1,558 ms à 3,7 s (0,033 s pour le pulsar du Crabe). Entre deux signaux radio, le pulsar est silencieux. Pour interpréter les propriétés des pulsars, on a été amené à les considérer comme des *étoiles à neutrons en rotation extrêmement rapide* sur elles-mêmes : la période de rotation est celle des pulsations.

En effet, seules des étoiles très petites, ultra-denses, peuvent tourner aussi vite sur elles-mêmes sans se rompre sous l'action de la force centrifuge.

Les impulsions radio sont produites par une toute petite région sur le pulsar, une sorte de « tache ». Cette « tache » émet des ondes radio qui ne sont perçues que lorsque la région émettrice est dans la direction de la Terre. C'est pourquoi les pulsars ont été appelés « radiophares de l'espace ».

Les pulsars du Crabe et de Vela ont été observés aussi dans le domaine visible : ils se trouvent tous deux à l'intérieur d'une nébuleuse qui est le reste de l'explosion d'une *supernova.*

Au cours de recherches systématiques de pulsars, on a découvert, en 1974, un pulsar appartenant à un *système binaire* PSR 1913 + 16. Son compagnon invisible est un objet compact de masse comparable à celle du pulsar. On connaît, à présent, 7 pulsars binaires. De tels systèmes doubles constituent « un laboratoire à peu près idéal » pour tester la relativité car ils comportent à la fois un champ de gravitation intense et une horloge très précise animée d'une très grande vitesse. Dans le cas de PSR 1913 + 16, l'avance de périastre est de 4,22 degrés par an ! (au lieu des 43″ par siècle pour le périhélie de Mercure). Après sept ans d'observations, Taylor et ses collaborateurs ont pu déterminer les masses des composantes du système et les dimensions absolues de l'orbite, en utilisant la relativité générale. Ils ont pu alors mettre en évidence l'existence des *ondes de gravitation*, prévues par la théorie d'Einstein. En effet, en émettant du rayonnement gravitationnel, un système binaire perd de l'énergie : il en résulte une diminution de la période de révolution, ainsi que du demi-grand axe et de l'excentricité de l'orbite. L'accord entre les prévisions relativistes de ces éléments et l'observation du pulsar double est remarquable, apportant ainsi « une nouvelle et profonde confirmation de la théorie de la Relativité Générale » (1).

III. — Les trous noirs

Si, au terme de son évolution, après avoir épuisé ses réserves d'énergie, une étoile massive n'a pu éjecter suffisamment de matière (en explosant, par exemple), et si sa masse résiduelle est supérieure à 3 masses solaires, l'issue ne peut être que fatale d'après la relativité générale : c'est le collapse gravitationnel. En effet, aucun état final d'équilibre n'existe pour un tel objet. L'étoile massive et

(1) Les autres théories de la gravitation sont en contradiction avec ce résultat : elles ne donnent même pas le signe correct de changement de période orbitale lié à l'émission de rayonnement gravitationnel.

froide se contracte pour aboutir à l'état de trou noir quand son rayon R atteint une valeur critique appelée rayon de Schwarzschild ou encore « horizon absolu » $R = 2GM/c^2$: aucune particule matérielle, aucun rayon lumineux, aucun signal électromagnétique ne peut plus s'échapper d'un tel objet, tellement le champ de gravitation (ou encore la courbure riemannienne) qui lui est associé est intense. Quand la surface de l'étoile en contraction traverse son horizon, l'étoile disparaît de notre univers visible, cesse toute communication avec l'extérieur. Et rien ne peut plus empêcher cette étoile de s'écraser sur elle-même, d'après la relativité générale.

L'observation directe de tels objets est impossible, par principe pourrait-on dire. Le meilleur espoir de les détecter réside dans l'observation de *systèmes doubles* dont l'un des membres serait une étoile ordinaire visible et l'autre membre un trou noir. Le meilleur candidat au titre de « trou noir » demeure, jusqu'à présent, la source de rayonnement X, Cygnus X-1.

Cette source X, qui a été identifiée comme une radiosource variable, est en effet une étoile double en orbite autour d'un compagnon invisible. L'étoile visible est une supergéante chaude dont la période orbitale est de cinq-six jours. On estime que la masse du compagnon invisible est de l'ordre de 8 masses solaires, c'est-à-dire nettement plus élevée que la masse limite d'une étoile à neutrons. C'est pourquoi on pense qu'il peut s'agir d'un trou noir. Celui-ci exerce de puissantes forces de marée sur la surface de la supergéante et lui arrache de la matière qui s'enroule en un disque d'accrétion autour du trou noir. Ce gaz, comprimé, surchauffé, tombe peu à peu dans le trou noir, d'un mouvement tourbillonnaire, en émettant essentiellement des rayons X.

IV. — Le domaine cosmologique

La cosmologie est cette partie de la physique qui étudie l'univers pris dans son ensemble, en le considérant comme un système unique. Elle ne peut être développée que moyennant des hypothèses simplificatrices, l'univers réel étant schématisé sous forme d'un fluide matériel continu, homogène et isotrope, un « gaz » de galaxies. Le point de départ de la cosmologie moderne a un double aspect, théorique et observationnel.

A) *Les modèles cosmologiques de Friedmann.* — En 1922, A. A. Friedmann obtenait les solutions cosmologiques non statiques des équations d'Einstein. Ces modèles de Friedmann représentent un univers homogène, en expansion ou en contraction, ouvert et infini, ou bien fermé et fini. Dans tous ces modèles, les distances des particules varient avec le temps.

Plus de soixante ans après, ce sont toujours les modèles de Friedmann qui sont utilisés pour représenter l'univers.

B) *L'effet Hubble et l'expansion de l'univers.* — En 1923, E. Hubble montrait qu'Andromède et les nébuleuses spirales étaient des galaxies extérieures à la nôtre. Il a été établi ensuite que les galaxies sont le constituant fondamental de l'univers. Ainsi, l'image d'un univers peuplé d'étoiles, admise jusque-là (notre Galaxie), a été remplacée par un univers beaucoup plus vaste, peuplé de millions de galaxies semblables à la nôtre. Cet univers de galaxies n'est pas statique mais animé d'un mouvement d'ensemble d'expansion. C'est l'effet Hubble découvert en 1929 : les galaxies lointaines présentent un décalage vers le rouge de leurs raies spectrales, d'autant plus grand que leur distance est plus grande. Interprétés comme des effets Doppler, ces décalages vers le rouge montrent que les galaxies s'éloignent les unes des autres : l'univers est en expansion. Or, *l'effet Hubble est contenu dans les modèles de Friedmann.* Sa découverte confirme la Relativité Générale sur une échelle fantastique.

C) *Le rayonnement cosmologique à 3 °K et le « big bang ».* — C'est la deuxième grande découverte cosmologique (après l'effet Hubble), effectuée fortuitement par Penzias et Wilson en 1965.

En mettant au point un récepteur radio pour observer le satellite *Echo*, *Penzias* et *Wilson* mesuraient une température d'antenne. Après avoir tenu compte de toutes les contributions, il restait un résidu inexpliqué à la température de 3 °K. Ce rayonnement inattendu était remarquablement constant et isotrope. Il fut montré ultérieurement que ce rayonnement avait les caractéristiques d'un rayonnement de corps noir.

Or, dès 1948, George Gamow avait prévu que l'univers devait être rempli d'un rayonnement radio isotrope, ayant les caractéristiques d'un rayonnement de corps noir. Ce rayonnement est le reste d'une étape primitive de l'univers, alors que celui-ci était hyperdense et hyperchaud, quasi explosif (d'où le nom de « big bang » donné au début de l'univers). L'expansion de l'univers à partir de cette explosion initiale s'est accompagnée d'un refroidissement de la matière et du rayonnement. Ce dernier devrait avoir actuellement une température de 5 °K environ, d'après les calculs théoriques.

Il est à présent admis que le rayonnement à 3 °K découvert par Penzias et Wilson est bien le reste de ce rayonnement cosmique primitif, le plus ancien fossile que l'on puisse imaginer.

Cette découverte a permis de retracer l'histoire de l'univers à partir des premières secondes qui ont suivi l'explosion initiale jusqu'aujourd'hui quinze milliards d'années après, en s'appuyant sur la Relativité Générale.

Ce très rapide survol a pour but de montrer l'extension du domaine d'application de la Relativité Générale.

Mais ce qui est essentiel a été exprimé par Einstein lui-même (2) que je voudrais citer en conclusion :

« Pour la création d'une théorie, la simple collection des phénomènes répertoriés ne suffit jamais. Il faut toujours lui ajouter une libre invention de l'esprit humain qui attaque le cœur du sujet. »

$(E = mc^2)$

(2) *Albert Einstein, The human side* par Helen Dukas et Banesh Hoffmann (Princeton University Press, 1979).

BIBLIOGRAPHIE

A. Einstein, *La théorie de la relativité restreinte et générale. Exposé élémentaire*, Gauthier-Villars, 1954.

A. Einstein, *Sur l'électrodynamique des corps en mouvement*, Gauthier-Villars, 1925.

I. Newton, *Philosophiae naturalis principia mathematica* (1687), *Principia Mathematica*, Ch. Bourgois, 1985.

Histoire générale des Sciences (ouvrage collectif) : *La Science contemporaine*, I : *Le XIXe siècle* ; II : *Le XXe siècle*, PUF, 1961.

M. A. Tonnelat, *Histoire du principe de relativité*, Flammarion, 1971.

L. Gouguenheim, *Méthodes de l'astrophysique. Comment connaître et comprendre l'univers*, Hachette, 1981.

G. Greenstein, *Le destin des étoiles*, Le Seuil, 1987.

J. Heidmann, *Au-delà de notre Voie lactée, un étrange Univers*, Hachette, 1979.

Livres plus spécialisés

Mécanique, *Cours de physique* de Berkeley, vol. 1, Armand Colin, 1972.

E. R. Taylor et J. A. Wheeler, *A la découverte de l'espace-temps*, Dunod.

S. Mavridès, *L'univers relativiste*, Masson, 1973.

M. A. Tonnelat, *Les principes de la théorie électromagnétique et de la relativité*, Masson, 1959.

S. Weinberg, *Les trois premières minutes de l'univers*, Le Seuil, 1978.

TABLE DES MATIÈRES

Imprimé en France
Imprimerie des Presses Universitaires de France
73, avenue Ronsard, 41100 Vendôme
Janvier 1995 — N° 41 110